新工科应用型人才培养机电类专业系列教材

# 自动化生产线控制系统设计与实践

主　编　徐　兵　高强明

副主编　茅　丰　王贵成　夏乃洁

U0277883

西安电子科技大学出版社

# 内 容 简 介

本书分为物料处理生产线自动化设计与实践和柔性制造系统自动化设计与实践两个部分。其中，第一部分包括 5 个项目，即自动化进料工序、自动化清洗工序、自动化加热工序、自动化包装工序以及自动化装运/储存工序的控制系统设计；第二部分包括 7 个项目，即自动化立体仓库、自动化搬运系统、自动上料装置与数控加工车床、机器视觉质量检测、自动化热处理单元控制系统、环行传输线自动化控制系统设计、自动分拣控制系统设计与实践。每个项目都将逻辑控制技术、传感检测技术、工业控制技术结合起来，具有一定的代表性和设计指导意义。

本书可供机电一体化、机械工程与自动化、电气自动化、工业企业自动化和仪表自动化等专业的学生使用，也可供专业工程技术人员参考。

**图书在版编目(CIP)数据**

自动化生产线控制系统设计与实践 / 徐兵，高强明主编.
—西安：西安电子科技大学出版社，2018.6(2023.8 重印)
ISBN 978-7-5606-4869-9

Ⅰ. ① 自⋯   Ⅱ. ① 徐⋯   ② 高⋯   Ⅲ. ① 自动生产线—控制系统设计
Ⅳ. ① TP278

中国版本图书馆 CIP 数据核字(2018)第 028764 号

策　　划　李惠萍
责任编辑　阎　彬
出版发行　西安电子科技大学出版社(西安市太白南路 2 号)
电　　话　(029)88202421　88201467　　　　邮　　编　710071
网　　址　www.xduph.com　　　　　　　　　电子邮箱　xdupfxb001@163.com
经　　销　新华书店
印刷单位　广东虎彩云印刷有限公司
版　　次　2018 年 7 月第 1 版　　　　2023 年 8 月第 3 次印刷
开　　本　787 毫米×1092 毫米　　1/16　　印　张　15
字　　数　351 千字
印　　数　3501～4100 册
定　　价　35.00 元

ISBN 978 - 7 - 5606 - 4869 - 9 / TP

**XDUP 5171001-3**

\*\*\*如有印装问题可调换\*\*\*

# 前　言

　　创新教育和实践能力的培养，是我国高等工程教育的重要内容。本书以培养和提高学生解决复杂工程问题的能力为目标，以典型的物料处理生产线和柔性制造生产线的自动化控制系统为案例，系统地介绍了自动化生产线的工程原理分析方法和控制技术应用要点，从实际应用角度出发来组织教材内容，形成了项目式的实践教学内容体系。生产线自动化技术是现代工业中必不可少的控制技术，广泛应用于工业企业的各个领域。理解生产线自动化控制系统的核心技术，掌握生产线自动化控制系统的设计方法，并且能够将现代控制理论运用到实际项目中，是每一位高技能型人才必须具备的基本能力之一。

　　本书内容分为物料处理生产线自动化设计与实践和柔性制造系统自动化设计与实践两大部分。按照基于项目的工程教学方法，本书将生产线划分成若干相对独立又相互联系的生产单元，把每个单元的自动化控制系统设计与实践的教学任务作为一个教学项目。每个项目都将逻辑控制技术、传感检测技术、工业控制技术相结合，在工业自动化技术方面都具有较高的设计指导意义。本书对每个项目的硬件组成、生产流程都进行了相关介绍，并详细阐述了各项目控制系统的设计原理和技术方法。本书配套的实训系统，为高校工程教育和卓越工程师的培养提供了一个展示、体验、开发和工程应用的先进自动化技术与装备的真实工业环境，向学生展示了目前主流的自动化技术和控制装备，使学生可以从中了解到自动化技术在工业生产中的实际应用。

　　本书注重实际，强调应用，可作为机电一体化、机械工程与自动化、电气自动化、工业企业自动化和仪表自动化等相关专业高技能型人才培养的实训教材，也可供工程技术人员参考使用。

　　在本书的编写过程中，上海辰竹仪表有限公司董事长兼总经理王竹平先生给予了大力支持和帮助，西安电子科技大学出版社李惠萍女士在编写、修改以及统稿等方面都给予了悉心指导，研究生房超、任狄、卢娜等同学在编辑、校对文稿和图形绘制等方面做了大量工作，在此一并表示衷心的感谢。

由于编者的水平有限，书中难免存在不足之处，敬请读者批评指正。

编　者

2017 年 12 月于上海

# 目　录

## 第一部分　物料处理生产线自动化设计与实践

# 第二部分　柔性制造系统自动化设计与实践

# 第一部分

# 物料处理生产线自动化设计与实践

## 概　述　一

### 一、引言

随着社会的进步，经济、文化以及科技发展的日新月异，自动化技术在社会的各行各业中得到了广泛的应用，其中又以自动化生产线应用最为广泛。自动化生产线具有效率高、应用灵活、工作精度高、运行平稳等特点，节省了人力物力，大大提高了生产效率。目前，自动化生产线在我国工业生产领域及其他诸多领域已被广泛应用，并且有着十分广阔的应用前景。

生产线即产品生产过程中所经过的路线，即从原料进入生产现场开始，经过加工、运送、装配、检验等一系列生产活动所构成的路线。狭义的生产线是按照对象原则组织起来的，是完成产品工艺过程的一种生产组织形式，即按产品专业化原则，配备生产某种产品所需要的各种设备和各工种的工人来完成某种产品(零、部件)的全部制造工作，并对相同的劳动对象进行不同工艺的加工。

生产线的主要产品或多数产品的工艺路线和工序劳动量的比例，决定了一条生产线上为完成某几种产品的加工任务所必需的机器设备的数量，以及机器设备的排列和工作地的布置等。生产线具有较大的灵活性，能适应多种品种生产的需要；在不能采用流水线生产的条件下，组织生产线是一种比较先进的生产组织形式；在产品品种规格较为复杂、零部件数目较多、每种产品产量不多、机器设备不足的企业里，采用生产线生产的方式往往能取得良好的经济效益。因此，培养工科专业的大学生掌握生产线自动化控制系统的工程设计方法具有重要的意义。

目前工业上常用的是由可编程控制器(Program Logic Controller，PLC)组成的自动化控制系统。本书应用 SIMENS S7-300 控制器，以两条连续的自动化生产线为工程案例，详细介绍自动化生产线的工程设计方法。每条生产线划分为五个实训项目，每个实训项目配备一套 SIEMENS S7-300 控制器，各项目通过工业现场总线互相连接，以实现整个生产线的自动化控制。

## 二、控制器简介

### 1. 控制器硬件集成

本书采用 SIEMENS S7-300 作为生产系统中的控制器。S7-300 是模拟式中小型 PLC，其结构如图 G1-1 所示。它的电源、CPU 和其他模块都是独立的。可以通过 U 形总线把电源(PS)、CPU 和其他模块紧密固定在西门子 S7-300 的标准轨道上。每个模块都有一个总线连接器，后者插在各模块的背后。电源模块安装在机架的最左边，CPU 模块紧靠电源模块。CPU 的右边是可以选择的接口模块 IM。如果只用主架导轨而不使用扩展支架，可以不选择 IM 接口模块。

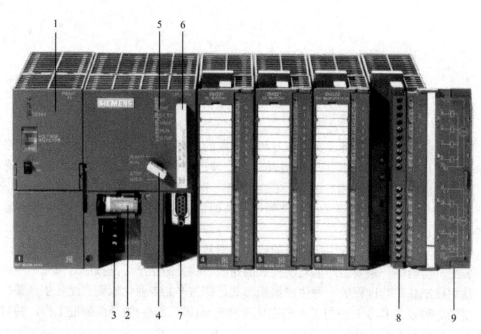

1. 负载电源（选项）　　　　　　6. 存储器卡（CPU313以上）
2. 后备电池（CPU313以上）　　　7. MPI多点接口
3. 24V DC 连接　　　　　　　　　8. 前连接器
4. 模式开关　　　　　　　　　　9. 前门
5. 状态和故障指示灯

图 G1-1　S7-300 PLC 结构图

使用 S7 编程软件组态主架导轨硬件时，电源、CPU 和 IM 分别放在导轨的 1 号槽、2 号槽和 3 号槽上。一条导轨共有 11 个槽号，其中 4～11 号槽可以随意放置除电源、CPU 和 IM 以外的其他模块，如 DI(数字量输入)、DO(数字量输出)、AI(模拟量输入)、AO(模拟量输出)、FM(功能模块)和 CP(通信模块)等。

CPU 模块是控制系统的核心，负责系统的中央控制，可存储并执行程序，实现通信功能。

CPU 有四种操作模式：STOP(停机)、STARTUP(启动)、RUN(运行)和 HOLD(保持)。在所有的模式中，CPU 都可以通过 MPI 接口与其他设备通信。

S7-300 的 CPU 模块大致可以分为以下几类：

(1) 带有集成功能和 I/O 的 6 种紧凑型 CPU：CPU 312C、313C、313C-PtP、313C-2DP、314C-PtP 和 314C-2DP。

(2) 扩展标准型 CPU：CPU 312、314 和 315-2DP。

(3) 5 种标准的 CPU：CPU 313、314、315、315-2DP 和 316-2DP。

(4) 户外型 CPU：CPU 312 IFM、314 IFM、314 户外型和 315-2DP。

(5) 大容量高端型 CPU：317-2DP 和 CPU 318-2DP。

(6) 主从接口安全型 CPU：CPU 315F-2DP。

**2. 控制器的系统连接**

S7-300 采用 SIMATIC S7 STEP 7 作为应用软件开发平台，开发者通过给上位机安装 STEP 7 开发平台来进行程序设计，完成程序编制后通过专用通信卡或模块下载在 S7-300 的 CPU 中运行。具体的通信连接如图 G1-2 所示。

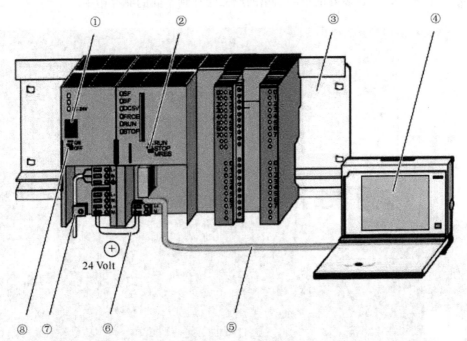

①—设置电源电压；②—模式选择器；③—固定导轨；④—安装了 STEP 7 软件的编程设备；
⑤—PG 电缆；⑥—连接电缆；⑦—张力消除夹；⑧—电源开/关

图 G1-2 PLC 的通信连接

将装有 STEP 7 的 PC 通过 PG 电缆与 PLC 的 MPI 接口相连接。将 CPU 的模式选择器开关拨到 STOP 位置，再将电源模块的电源打开，完成通信连接和程序下载准备。上位机可使用 KingView、Win CC 等多种工业自动化专用组态软件。具体开发方法详见 STEP 7 和组态软件使用手册以及本书中应用软件设计的有关内容。

### 三、自动化生产线项目案例——物料自动化处理生产线简介

物料自动化处理生产线是由相互连接的传送带和工业设备组成的一个自动处理和装袋系统，如图 G1-3 所示。整个处理过程模拟工业生产批量原料的不同处理阶段，由进料、清洗、预干燥、热处理、包装、储存六个工序组成，每个工序阶段都具有独立的自动化运行和显示控制单元，同时自动化的网络控制模式也可以让学生们分析自动控制设备的功能和相关操作。各工序的主要功能如下。

(1) 进料工序：将原料(小石子)通过振动筛筛选，将不符合体积大小要求的原料分离；

(2) 清洗工序：将筛选过的原料进行清洗，去除原料中的粉尘；

(3) 预干燥：将洗过的原料通过振动台滤水和两台独立的加热器加热处理，使原料的湿度达到 30%左右；

(4) 热处理：将预干燥过的原料进行热处理烘干，使原料的湿度达到 0%，并通过滚筒冷却；

(5) 包装工序：将达到质量要求的产品进行包装，可以根据规格要求进行自动化包装；

(6) 储存工序：将包装好的不同质量的产品储存到不同的储存箱中。

图 G1-3　物料自动化处理生产线实验装置实物图

　　本自动化实验教学系统全部采用 SIEMENS SIMATIC S7-300 PLC，并使它们通过 PROFIBUS 总线与上位机通信。本系统使用监控组态软件来监控整个生产线的工作情况，其网络拓扑结构图如图 G1-4 所示，其中 OS1 至 OS5 分别对应各工序的上位机，OS 为总控制站。AS1 至 AS5 分别对应各工序的控制站。

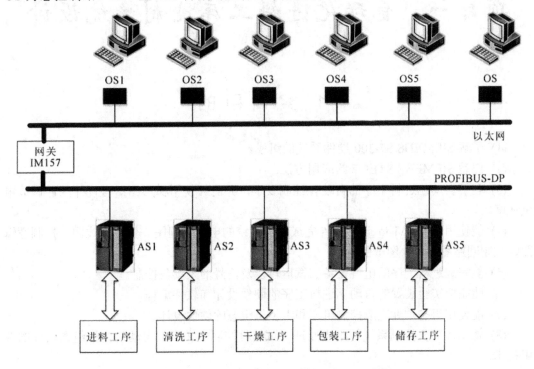

图 G1-4　自动化生产线控制系统网络拓扑结构图

# 课后思考题

1. 生产线采用自动化技术的目的是什么？
2. 自动化生产线控制系统采用的网络拓扑有哪几种？
3. 工业物流输送主要采用哪些方式？
4. 自动化物流输送的控制要点和技术难点有哪些？

# 项目一　自动化进料工序控制系统设计

## 1.1　实训目的

(1) 了解 SIEMENS S7-300 硬件系统的组成。

(2) 熟悉 SIEMENS STEP 7 的应用方法。

(3) 理解自动化进料工序的自动化控制要求，并能够使用梯形图语言设计软件调节电机速度。

(4) 能使用 CAD/Visio 设计软件完成控制系统的电气原理图、信号接线图、控制逻辑图、控制回路图等设计图纸的绘制。

(5) 能完成进料工序的电气设备的试运转以及信号的采集与控制。

(6) 能完成实验装置的自动化进料工序的硬件设计和软件编程。

(7) 能使用组态软件完成控制组态和上位机组态的软件设计。

(8) 熟悉计算机控制系统的组成原理、可编程控制器和工业自动化监控组态软件的应用技术。

## 1.2　实训原理

### 1.2.1　进料工序生产流程概述

实验装置的进料工序生产流程图如图 1-1 所示，功能是完成进料的控制与传输。进料工序由 1 台犀斗传输机、1 个料斗、1 台振动筛、1 台皮带传输机组成。

犀斗传输机是热压型煤、型焦工艺等工业生产中连续输送物料的专用设备。例如，在炼钢生产装置中，犀斗传输机能够将型煤平稳地由成型工段运送至炭化工段的炭化炉中，炭化成型焦。型煤进入炭化炉前的"整球率"直接影响到炭化后型焦的"整球率"，并直接影响生产商的经济效益。犀斗传输运行可靠、装载方便，广泛适用于粉料、块料的运输。

振动筛利用振动电机激振作为振动源，使物料在筛网上被抛起，同时向前做直线运动，物料从给料机中均匀地进入筛分机的进料口，通过多层筛网产生数种规格的筛上物、筛下物、分别从各自的出口排出。直线振动筛(直线筛)具有稳定可靠、消耗少、噪音低、寿命长、振型稳、筛分效率高等优点，是一种高效新型的筛分设备，广泛用于矿山、煤炭、冶炼、建材、耐火材料、轻工、化工等行业。

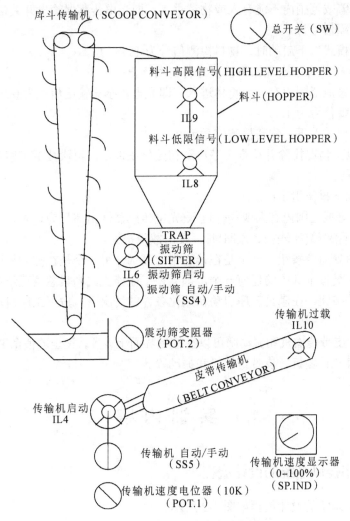

图 1-1　进料工序生产流程图

皮带运输机广泛应用于采矿、冶金、化工、铸造、建材等行业和生产流水线以及水电站建设工地和港口等生产部门，主要用来输送破碎后的物料。根据输送工艺的要求，可单台输送，也可多台组成或与其他输送设备组成水平或倾斜的输送系统。

该实验装置的自动化进料工序具有如下功能：

(1) 犀斗传输机、振动筛、皮带传输机进料速度具有自动化变频控制功能；

(2) 料仓中的进料与出料具有联锁逻辑控制功能；

(3) 进料工序中具有安全报警与联锁控制功能；

## 1.2.2　进料工序的控制要求

PLC 控制器包括具有数字量和模拟量的输入/输出模块，并且具有网络通讯的功能。组态控制界面提供了进料工序的生产流程图并通过计算机来控制进料。

启动进料工序的初始化条件如下：

(1) 传送带的警戒范围内不能有人或物体进入，即光电传感器输出开关信号为 1。

(2) 变频器故障信号为 0。

(3) 在"联网模式"下启动时，物料检测信号为 1。

进料工序在运行状态下出现如下情况时将自动停止：

(1) 传送带的警戒范围内有人或物体进入，即光电传感器输出信号为 0。

(2) 变频器故障信号为 1。

(3) 在"联网模式"下，物料检测信号为 0。

**注**：只要将以上情况排除并符合工序启动初始化条件后，再次按下工序启动按钮，工序就可以再次运行。

进料工序有如下报警指示：

(1) 传送带的警戒范围内有人或物体进入(光电传感器输出信号为 0)时，发出防护报警。

(2) 变频器出现故障(如缺相、短路)时，发出故障报警。

进料工序有两处急停按钮，一个是在传送带的侧部，另一个是在控制界面上。当有紧急情况时，工作人员按下其中的任何一个，都会使工序停止。当紧急情况结束后，工作人员拉出按下的急停按钮，在满足工序启动初始化条件的情况下，按下工序启动按钮就可以使工序再次启动。

犀斗传输机、皮带传输机和振动筛可以在控制界面上设置，设定的值由 PLC 送到变频器，由它们控制犀斗传输机、皮带传输机和振动筛。

# 1.3　实训内容

## 1.3.1　进料工序控制系统的设计流程

进料工序控制系统的设计流程如图 1-2 所示。

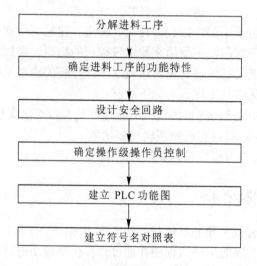

图 1-2　系统设计流程图

### 1. 分解进料工序的分解过程及设备

这部分内容可参见 1.2.1 小节进料工序生产流程概述。

将自动化进料工序分解成以下三个相互联系的部分：

- 戽斗传输机的控制部分。
- 振动筛的控制部分。
- 皮带传输机的控制部分。

### 2. 确定进料工序的功能特性

为自动化进料工序描述动作加入说明时，应包括以下五项：

- 输入/输出(I/O)点数。
- 动作功能描述。
- 每个执行器(电磁线圈、电机、驱动器等)的动作前条件。
- 操作员接口。
- 与处理过程有关或与设备其他部分连接的接口。

### 3. 设计安全回路

将自动化进料工序中的每个执行器连接到一个特别紧急停止区(E-stop)。

设计安全回路的任务是：

- 确定作业之间逻辑和操作上的互锁。
- 设计硬件电路以提供执行过程中设备的手动安全性干预。
- 确定其他与安全和健全运作有关的要求。
- 为 PLC 定义故障形式和再启动特性。

### 4. 确定操作员站

根据自动化进料功能说明书要求，创建操作员站图，包括：

- 自动化进料操作台器件(显示器、开关、指示器等)的机械布置图。
- 结合 PLC I/O 口的电气连接图。

### 5. 创建 PLC 配置表

根据自动化进料功能说明书要求，创建 PLC 配置图，包括：

- CPU 和 I/O 模块(包括机柜等)的机械布置图。
- 每个 CPU 和 I/O 模板(包括器件模块编号、通讯地址和 I/O 地址)的电器连接图。

### 6. 创建符号表

为 PLC 系统中所用的绝对地址建立符号名表，包括 I/O 信号物理值和程序中会用到的其他元素。

## 1.3.2　控制功能设计说明及流程图

### 1. 功能设计说明

自动化控制系统进料工序数字量信号统计表如表 1-1 所示，自动化控制系统进料工序模拟信号统计表如表 1-2 所示。

表 1-1　　自动化控制系统进料工序数字量信号统计表

| 序号 | IO 位号名称 | 说　明 | 正常状态 | 信号类型 | 点连接项 | 逻辑极性 | 是否需要累计运行时间 | IO类型 |
|---|---|---|---|---|---|---|---|---|
| 1 | DI01 | 工序启动 | 0 | 干接点 | AS1 | 正逻辑 | 否 | 输入 |
| 2 | DI02 | 保护传感器 | 0 | 干接点 | AS1 | 正逻辑 | 否 | 输入 |
| 3 | DI03 | 犀斗传输机运行状态信号 | 0 | 干接点 | AS1 | 正逻辑 | 否 | 输入 |
| 4 | DI04 | 振动筛运行状态信号 | 0 | 干接点 | AS1 | 正逻辑 | 否 | 输入 |
| 5 | DI05 | 料斗出料阀门启动信号 | 0 | 干接点 | AS1 | 正逻辑 | 否 | 输入 |
| 6 | DI06 | 急停开关 | 0 | 干接点 | AS1 | 正逻辑 | 否 | 输入 |
| 7 | DI07 | 料斗高限信号 | 0 | 干接点 | AS1 | 正逻辑 | 否 | 输入 |
| 8 | DI08 | 料斗低限信号 | 0 | 干接点 | AS1 | 正逻辑 | 否 | 输入 |
| 9 | DI09 | 料斗出料阀门关闭信号 | 0 | 干接点 | AS1 | 正逻辑 | 否 | 输入 |
| 10 | DI10 | 皮带传输机运行状态信号 | 0 | 干接点 | AS1 | 正逻辑 | 否 | 输入 |
| 11 | DO01 | 工序启动灯 | 0 | 干接点 | AS1 | 正逻辑 | 否 | 输出 |
| 12 | DO02 | 安全报警灯 | 0 | 干接点 | AS1 | 正逻辑 | 否 | 输出 |
| 13 | DO03 | 紧急制动 | 0 | 干接点 | AS1 | 正逻辑 | 否 | 输出 |
| 14 | DO04 | 犀斗传输机启动 | 0 | 干接点 | AS1 | 正逻辑 | 否 | 输出 |
| 15 | DO05 | 振动筛启动 | 0 | 干接点 | AS1 | 正逻辑 | 否 | 输出 |
| 14 | DO06 | 下料阀启动 | 0 | 干接点 | AS1 | 正逻辑 | 否 | 输出 |
| 16 | DO07 | 水平传输机启动 | 0 | 干接点 | AS1 | 正逻辑 | 否 | 输出 |
| 17 | DO08 | 下料阀关闭 | 0 | 干接点 | AS1 | 正逻辑 | 否 | 输出 |

表 1-2　　自动化控制系统进料工序模拟量信号统计表

| 序号 | IO 位号名称 | 说　明 | 单位 | 信号类型 | 点连接项 | 是否做量程变换 | 裸数据上限 | I/O类型 |
|---|---|---|---|---|---|---|---|---|
| 1 | AO1 | 犀斗传输机变频信号 | % | 4~20 mA | AS1 | 否 | 27648 | 输出 |
| 2 | AO2 | 水平传输机变频信号 | % | 4~20 mA | AS1 | 否 | 27648 | 输出 |
| 3 | AO3 | 振动筛变频信号 | % | 4~20 mA | AS1 | 否 | 27648 | 输出 |

### 2. 自动化进料工序控制程序设计框图

根据 1.2.2 节提出的控制要求,设计了自动化进料工序控制程序流程图,如图 1-3 所示。

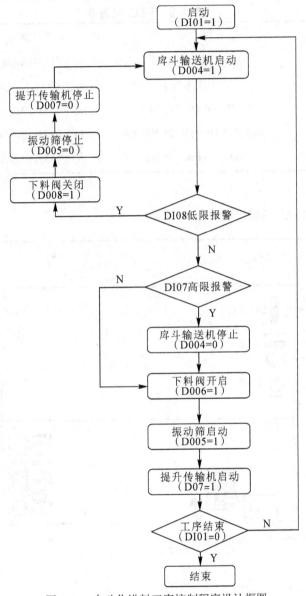

图 1-3　自动化进料工序控制程序设计框图

**注: 设备**在有人闯入警戒区域、按下急停键、发生故障时,都会进入急停状态,即停止运行并进行报警。

## 1.3.3　控制器硬件选型

硬件选型包括根据统计出来的 I/O 点数选择 PLC 模块、确定操作员站、建立 PLC 配置表。

**1. 硬件选取**

本项目有 10 个数字量输入信号、8 个数字量输出信号和 3 个模拟量输出信号。根据控制需求选用 SIEMENS SIMATIC S7-300 系列的 PLC。具体配置如表 1-3 所示。

表 1-3　PLC 配置表

| 硬件模块 | 型　号 | 订货号 | 数量 |
|---|---|---|---|
| 电源模块 | PS 307(10 A) | 6ES7 307-1KA00-0AA0 | 1 |
| 中央处理单元 | CPU 315-2DP | 6AG1 315-2AF03-2AB0 | 1 |
| 数字量输入模块 | SM321 DI 16× DC 24 V | 6ES7 321-1BH00-0AA0 | 1 |
| 数字量输出模块 | SM322 DO16× DC 24 V/0.5 A | 6ES7 322-1BH00-0AA0 | 1 |
| 模拟量输出模块 | SM332 AO4 × 12 Bit | 6ES7 332-5HD01-0AB0 | 1 |

1) 电源模块

型号：PS 307(10A)，接线图如图 1-4 所示。

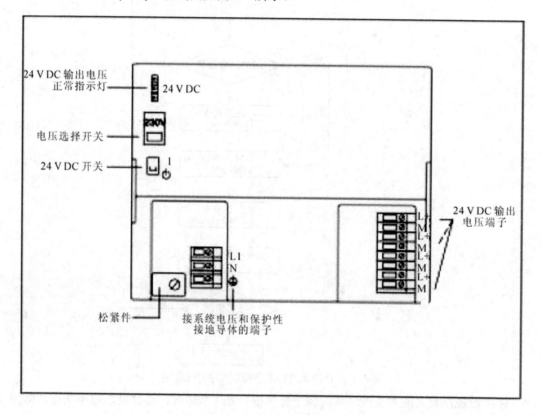

图 1-4　PS307 电源模块(10A)的接线图

订货号：6ES7 307-1KA00-0AA0

特点：

· 输出电流为 10 A。

· 输出电压为 24 V DC；设有短路和开路保护。

- 接单相交流系统(输入电压为 120/230V AC，频率为 50/60 Hz)。
- 可靠的隔离，符合 EN 60 950。
- 可用作负载电源。

2) 中央处理单元

型号：CPU 315-2DP

订货号：6AG1 315-2AF03-2AB0

特点：

- 具有中、大规模的程序存储容量，如果需要可以使用 SIMATIC 功能工具。
- CPU 运行时需要微存储器卡。
- 对二进制和浮点类型的数据具有较高的处理能力。
- PROFIBUS DP 主站/从站接口。
- 可用于大规模的 I/O 配置。
- 可用于建立分布式 I/O 结构。

3) 数字量输入模块

型号：SM321 DI 16 × DC 24 V，接线图如图 1-5 所示。

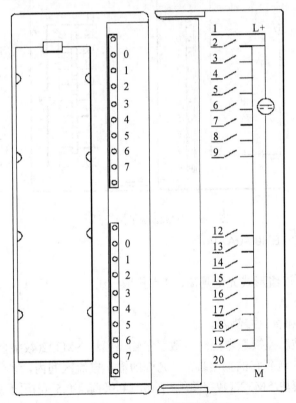

图 1-5　SM321 端子接线图

订货号：6ES7 321-1BH00-0AA0

特点：

- 16 个输入点，带电隔离，16 点构成一组。

- 额定输入电压为 24V DC。
- 适合于开关和双线接近开关(BERO)。
- 控制系统预留量为 6 路。

4) 数字量输出模块

型号：SM322 DO16× DC 24 V/0.5 A，接线图如图 1-6 所示。

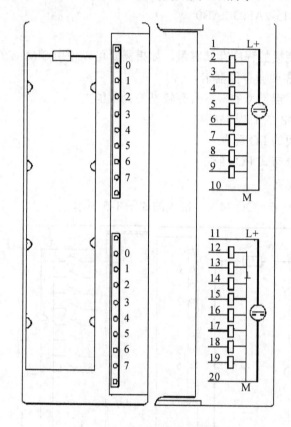

图 1-6　SM322 端子接线图

订货号：6ES7 322-1BH00-0AA0

特点：

- 16 个输出点，以组形式光电隔离，8 点构成一组。
- 输出电流为 0.5 A。
- 适用于电磁阀和直流接触器。

特性：当通过机械触点接通电源时，数字量输出模块 SM322(数字量输出 16×24 伏直流/0.5 安)会将一个脉冲送到它的输出端。在允许的输出电流区间内，这个脉冲约能持续 50 毫秒。当数字量输出模块 SM322(数字量输出 16×24 伏直流/0.5 安)用于高速计数器时，要考虑这一点。

控制系统预留量为 8 路。

5) 模拟量输出模块

型号：SM332 AO4 × 12Bit，接线图如图 1-7 所示。

订货号：6ES7 332-5HD01-0AB0

特点：

- 4 通道 × 4 输出。
- 每个输出通道可编程为电压输出或电流输出。
- 精度为 12 位。
- 可编程诊断。
- 可编程中断。
- 可编程替代值输出。
- 隔离底部总线接口和负载电压。

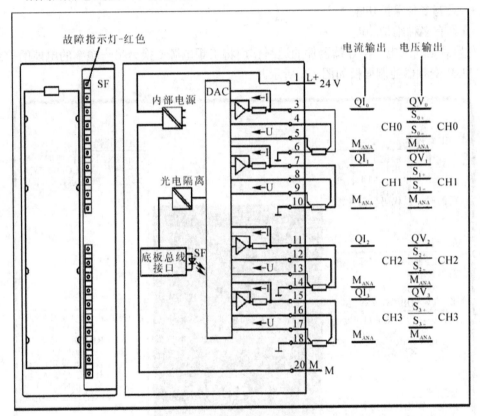

图 1-7　SM332 端子接线图

6) 变频器

型号：FRENIC5000G11S

特点：

- 由动态转矩矢量控制。
- 带 PG 反馈更高性能的控制系统。
- 电动机低转速时脉动大大减小。
- 新方式在线自整定系统。
- 优良的环境兼容性。

- 节能功能提高。
- 更方便的键盘面板。
- 完整的产品系列。
- 符合国际标准(CE、TUV、UL )。
- 适应各种环境的结构。
- 具有多种通讯功能。
- 具有 PID 控制功能。
- 具有 16 种速度程序运行功能。
- 具有无冲击瞬间停止以及再启动运行功能。
- 具有多种保护功能。
- 具有多种维护功能。

变频器是利用电力半导体器件的通断作用将工频电源变换为另一频率的电能的控制装置。 FUJI 变频器控制面板如图 1-8 所示。

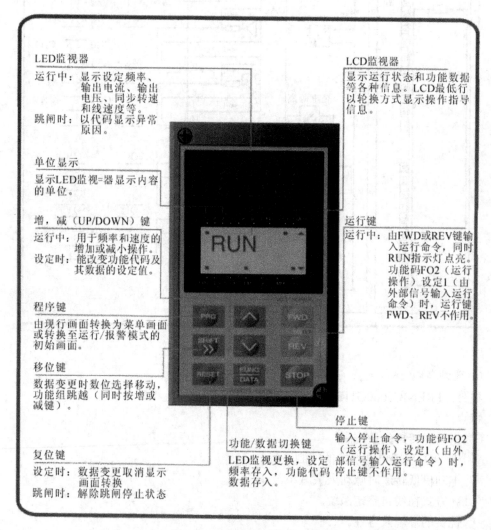

**LED监视器**

运行中：显示设定频率、输出电流、输出电压、同步转速和线速度等。

跳闸时：以代码显示异常原因。

**单位显示**

显示LED监视=器显示内容的单位。

**增，减（UP/DOWN）键**

运行中：用于频率和速度的增加或减小操作。

设定时：能改变功能代码及其数据的设定值。

**程序键**

由现行画面转换为菜单画面或转换至运行/报警模式的初始画面。

**移位键**

数据变更时数位选择移动，功能组跳越（同时按增或减键）。

**复位键**

设定时：数据变更取消显示画面转换

跳闸时：解除跳闸停止状态

**功能/数据切换键**

LED监视更换，设定频率存入，功能代码数据存入。

**LCD监视器**

显示运行状态和功能数据等各种信息。LCD最低行以轮换方式显示操作指导信息。

**运行键**

运行中：由FWD或REV键输入运行命令，同时RUN指示灯点亮。功能码FO2（运行操作）设定1（由外部信号输入运行命令）时，运行键FWD、REV不作用。

**停止键**

输入停止命令，功能码FO2（运行操作）设定1（由外部信号输入运行命令）时，停止键不作用。

图 1-8　FUJI 变频器控制面板

FUJI 变频器参数设定方法见表 1-4。

### 表 1-4　FUJI 变频器基本参数设定表

| 序号 | 说　明 | 参数设定 |
|---|---|---|
| F01 | 频率设定方法 | 1 |
| F02 | 运行操作 | 1 |
| F03 | 最高频率 | 按电机的实际值设定 |
| F04 | 基本频率 | 50 Hz |
| F05 | 额定输出电压 | 380 V |
| F06 | 最大输出电压 | 380 V |
| F07 | 加速时间 | 实际需要值(0.01～3600 s) |
| F08 | 减速时间 | 实际需要值(0.01～3600 s) |
| F15 | 上限频率 | 实际需要值 |
| F16 | 下限频率 | 实际需要值(0) |
| F23 | 启动频率 | 1 |
| F25 | 停止频率 | 1 |
| F31 | FAM 功能 | 0、1、2、3、4、5、6、7、8、9、10 |
| P01 | 电机极数 | 电机实际值 |
| P02 | 电机容量 | 电机实际值 |
| P03 | 电机额定电流 | 电机实际值 |
| P04 | M1 自整定 | 2 |

P04 M 自整定步骤：

(1) 按照电机特性，正确设定电压和频率。设定功能包括"F03 最高输出频率"、"F04 基本频率"、"F05 额定电压"和"F06 最高输出电压"。

(2) 设定电动机不需要整定的常数。设定"P02 容量"、"P03 额定电流"和"P06 空载电流"(当 P04 设定为 2，电动机运行状态为自整定，自动测定空载电流时，不需要设定空载电流)。

(3) 自整定空载电流时，电动机虽脱开机械负载后旋转，但仍必须仔细确定其安全性。

(4) 设定功能"P04 自整定"数据为 1 (电动机停止)或 2 (电动机旋转)。按 $\dfrac{\text{FUNC}}{\text{DATA}}$ 键写入设定值后，按 FWD 或 REV 键即开始自整定。自整定过程需要数秒到数十秒的时间。(设定值为 2 时，电动机按照设定的加速时间加速至二分之一基本频率进行空载电流的整定，再按照设定的减速时间减速，所以总的设定时间和设定的加减速时间有关。)

(5) 当显示的"执行中"字样消失时，表示自整定结束。最后，按 STOP 键。

(6)　"本地"/"远程"切换。同时按下 RESET + STOP 键时，变频器会在本地(LOC)与远程(REM)之间切换。

在本地(LOC)模式下运行时，按下 FWD 与 REV 键变频器会按照正转与反转运行，通过上下键来调整频率；

在远程(REM)模式下运行时，LCD 液晶面板对应的 REM 区域会变成黑色的方块，表示处于 REM 状态，此时变频器启动信号由变频器外部接线端子 FWD、REV 与 CM 的通断来给定，频率由出水口的压力变送器反馈给定(0～10 V 信号)。

(7)　故障复位。当该变频器故障报警时，变频器会保护停机，LED 监视器会显示报警代码，要先将此故障代码记录下来，故障排除后，才可以复位；按下复位键 RESET 或者对变频器进行断电重新启动，即可复位变频器。

### 2. 操作员站设计

控制机柜布置图如图 1-9 所示。

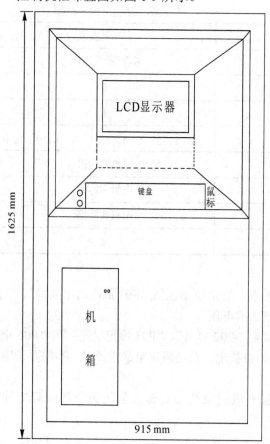
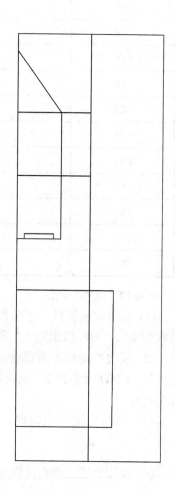

图 1-9　控制机柜布置图

### 3. PLC 安装布置图

PLC 安装布置图如图 1-10 所示，PLC SM321 模块电气接线图如图 1-11 所示，PLC SM322 模块电气接线图如图 1-12 所示，SM332 模块电气接线图如图 1-13 所示。

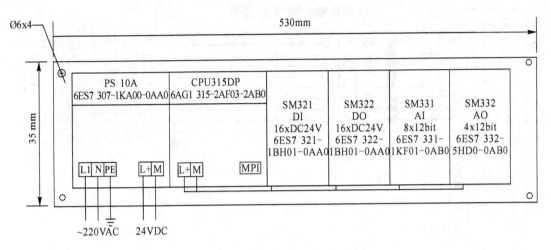

图 1-10　PLC 安装布置图

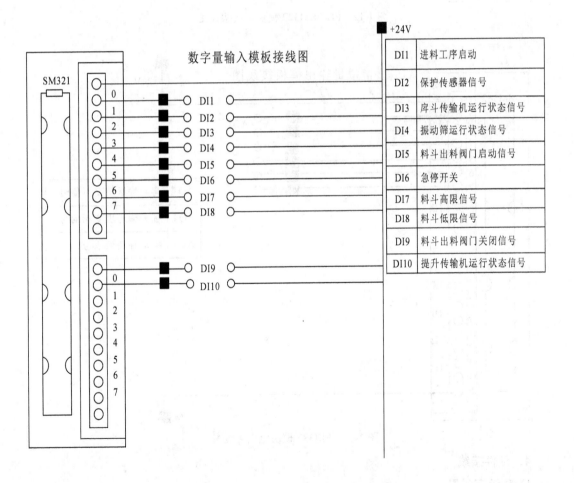

图 1-11　PLC SM321 模块电气接线图

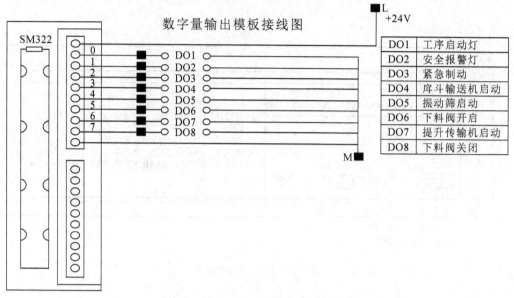

图 1-12　PLC SM322 模块电气接线图

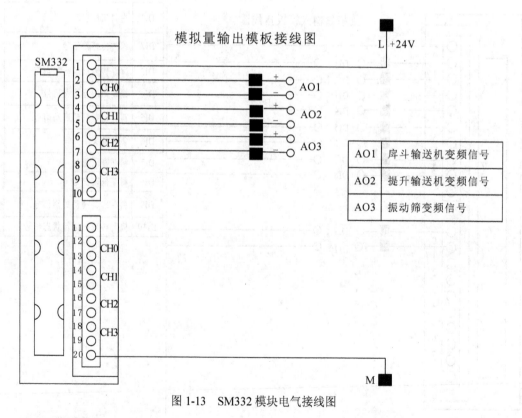

图 1-13　SM332 模块电气接线图

## 4. 硬件接线

1) 现场布置图

系统现场图如图 1-14 所示。

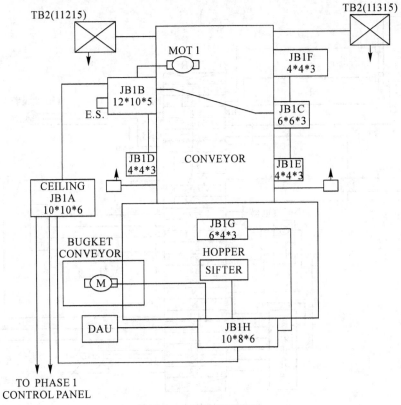

图 1-14　系统现场图

2) 接线端子图

系统端子接线图如图 1-15 所示。

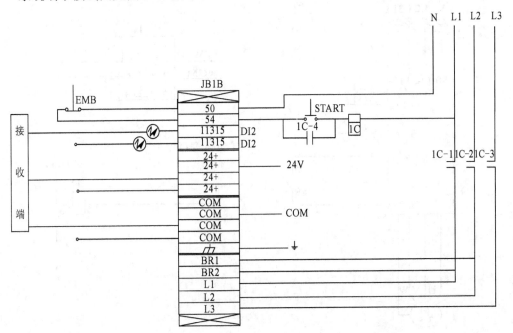

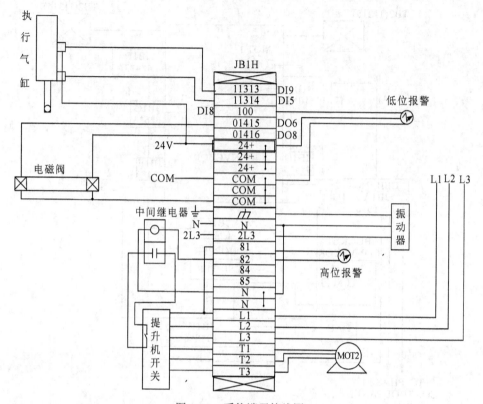

图 1-15　系统端子接线图

3) 变频器控制接线图

变频器控制接线图如图 1-16 所示。

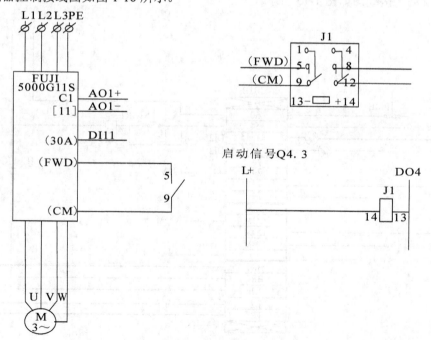

图 1-16　变频器控制接线图

### 1.3.4 控制器应用程序设计

首先根据自动化进料工序的功能说明书，在明确本项目要达到的控制要求的基础上画出控制程序流程图。然后将流程图转化为控制器 STEP 7 的控制程序，并参照图 1-17 所示的控制器 STEP 7 操作流程图操作就可以完成控制器 STEP 7 的编程。

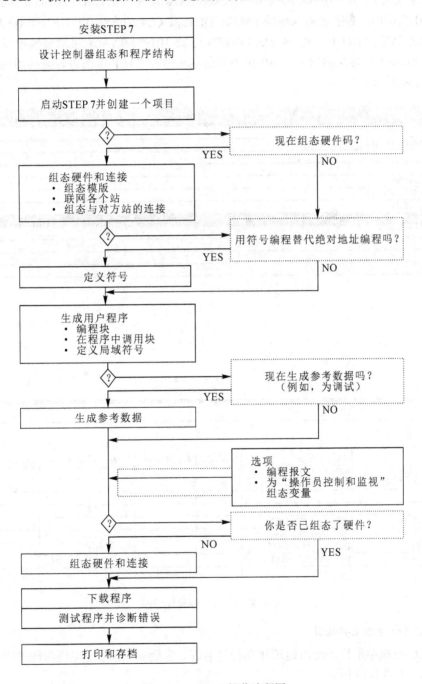

图 1-17　STEP 7 操作流程图

### 1．新建工程

打开 STEP 7 开发平台后，用 NEW 创建一个新工程。以后你所有的软件编制工作都将以数据的形式保存在新建的工程文件夹中。

### 2．STEP 7 硬件组态

将电源模块 PS 307(10 A)(6ES7 307-1KA00-0AA0)、中央处理单元 CPU 315-2DP(6AG1 315-2AF01-2AB0)、数字量输入模块 SM321 DI 16×DC24V(6ES7 321-1BH00-0AA0)、数字量输出模块 SM322 DO16× DC 24 V/0.5 A(6ES7 322-1BH00-0AA0)、模拟量输出模块 SM332 AO4 × 12 bit(6ES7 332-5HD01-0AB0)按照安装的槽号在 STEP 里面进行硬件组态。具体配置如图 1-18 所示。

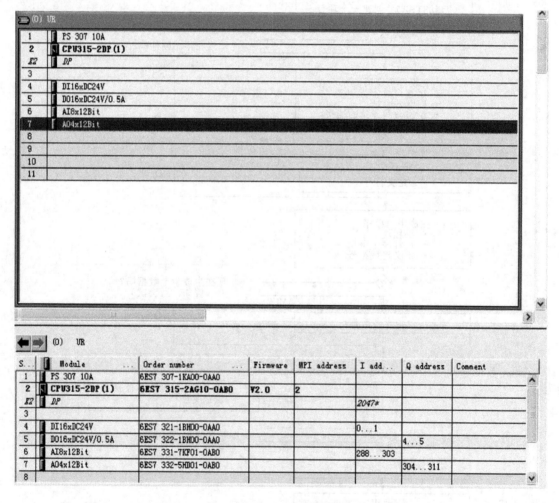

图 1-18　STEP 7 硬件配置图

### 3．建立符号表 Symbol

为 PLC 系统中所用的绝对地址建立符号名表，包括 I/O 信号物理值和程序中会用到的其他元素，如图 1-19 所示。

| | Status | Symbol | Address | | Data type | | Comment |
|---|---|---|---|---|---|---|---|
| 1 | | CONT_C | FB | 41 | FB | 41 | Continuous Control |
| 2 | | CYC_INT5 | OB | 35 | OB | 35 | Cyclic Interrupt 5 |
| 3 | | Cycle Execution | OB | 1 | OB | 1 | |
| 4 | | DI1 | I | 0.0 | BOOL | | |
| 5 | | DI2 | I | 0.1 | BOOL | | |
| 6 | | DI3 | I | 0.2 | BOOL | | |
| 7 | | DI4 | I | 0.3 | BOOL | | |
| 8 | | DI5 | I | 0.4 | BOOL | | |
| 9 | | DI6 | I | 0.5 | BOOL | | |
| 10 | | DI7 | I | 0.6 | BOOL | | |
| 11 | | M00 | M | 0.0 | BOOL | | |
| 12 | | M01 | M | 0.1 | BOOL | | |
| 13 | | M02 | M | 0.2 | BOOL | | |
| 14 | | M10 | M | 1.0 | BOOL | | |
| 15 | | DO1 | Q | 4.0 | BOOL | | |
| 16 | | DO2 | Q | 4.1 | BOOL | | |
| 17 | | DO3 | Q | 4.2 | BOOL | | |
| 18 | | DO4 | Q | 4.3 | BOOL | | |
| 19 | | DO5 | Q | 4.4 | BOOL | | |
| 20 | | DO6 | Q | 4.5 | BOOL | | |
| 21 | | DO7 | Q | 4.6 | BOOL | | |
| 22 | | DO8 | Q | 4.7 | BOOL | | |
| 23 | | | | | | | |

图 1-19 符号表 Symbol

### 4. 编写程序

打开"S7 Program"文件夹下的"Blocks"文件夹，在其中建立程序块。如图 1-20 所示。

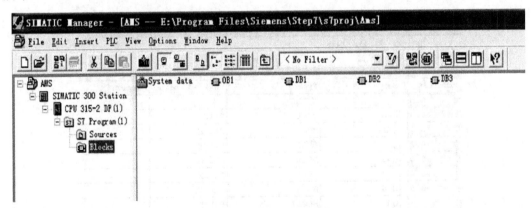

图 1-20 Blocks 界面图

在"OB1"中编写控制主程序(参考程序见附录)，在编写程序的过程中可参考符号表和控制逻辑图。

### 5. 建立数据块

为实现数据存储和共享，需要建立 DB 数据块。打开"S7 Program"文件夹下的"Blocks"文件夹，在其中建立"DB1"、"DB2"、"DB3"，如图 1-21～图 1-23 所示。

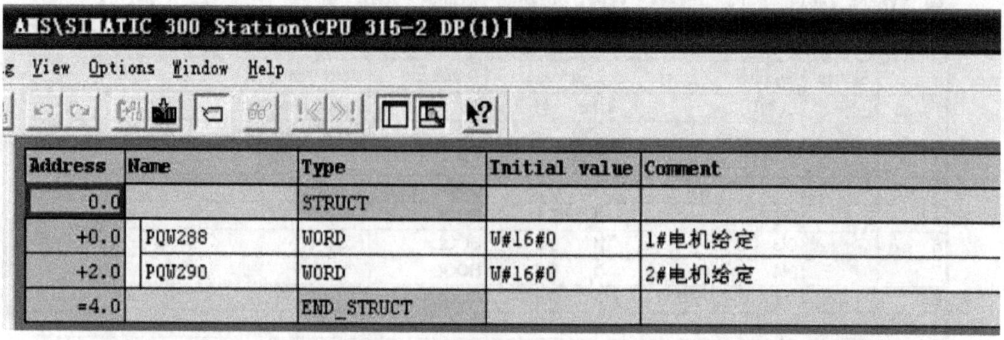


| Address | Name | Type | Initial value | Comment |
|---|---|---|---|---|
| 0.0 | | STRUCT | | |
| +0.0 | PQW288 | WORD | W#16#0 | 1#电机给定 |
| +2.0 | PQW290 | WORD | W#16#0 | 2#电机给定 |
| =4.0 | | END_STRUCT | | |

图 1-21　DB1 示意图

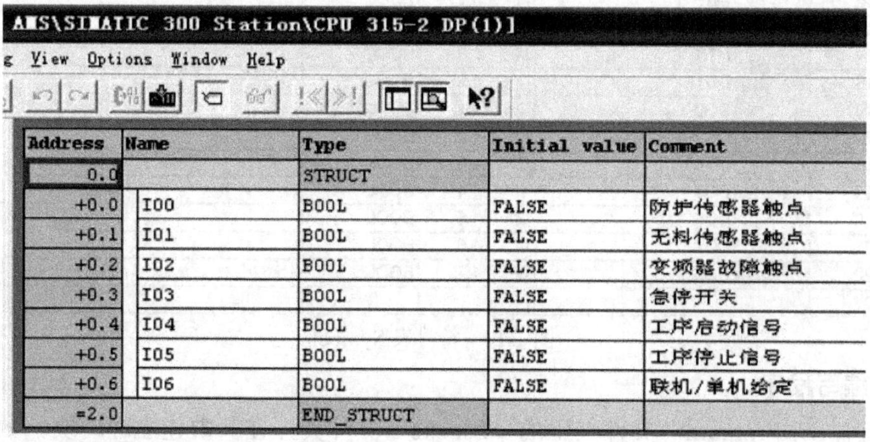


| Address | Name | Type | Initial value | Comment |
|---|---|---|---|---|
| 0.0 | | STRUCT | | |
| +0.0 | I00 | BOOL | FALSE | 防护传感器触点 |
| +0.1 | I01 | BOOL | FALSE | 无料传感器触点 |
| +0.2 | I02 | BOOL | FALSE | 变频器故障触点 |
| +0.3 | I03 | BOOL | FALSE | 急停开关 |
| +0.4 | I04 | BOOL | FALSE | 工序启动信号 |
| +0.5 | I05 | BOOL | FALSE | 工序停止信号 |
| +0.6 | I06 | BOOL | FALSE | 联机/单机给定 |
| =2.0 | | END_STRUCT | | |

图 1-22　DB2 示意图

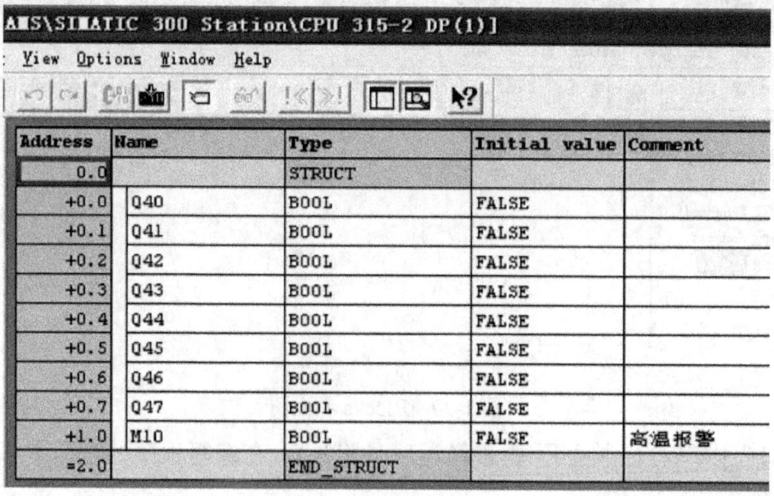


| Address | Name | Type | Initial value | Comment |
|---|---|---|---|---|
| 0.0 | | STRUCT | | |
| +0.0 | Q40 | BOOL | FALSE | |
| +0.1 | Q41 | BOOL | FALSE | |
| +0.2 | Q42 | BOOL | FALSE | |
| +0.3 | Q43 | BOOL | FALSE | |
| +0.4 | Q44 | BOOL | FALSE | |
| +0.5 | Q45 | BOOL | FALSE | |
| +0.6 | Q46 | BOOL | FALSE | |
| +0.7 | Q47 | BOOL | FALSE | |
| +1.0 | M10 | BOOL | FALSE | 高温报警 |
| =2.0 | | END_STRUCT | | |

图 1-23　DB3 示意图

### 6．建立变量运行状态表

使用插入新对象命令，选择“变量表”，建立本项目的变量运行状态表，如图 1-24 所示。

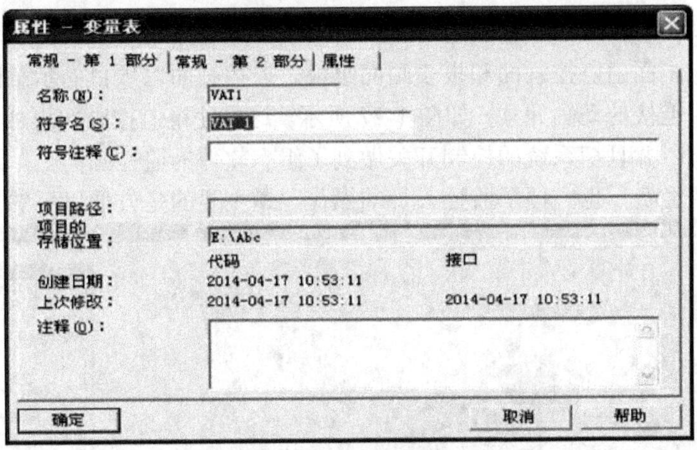

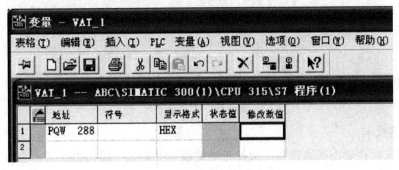

图1-24　建立变量运行状态表

打开 VAT1 后，在 VAT1 中输入需要监视的参数名称。用监视变量按钮可以在线查看参数的运行状态，如图 1-25 所示。

图1-25　查看变量运行状态表

### 7. 程序下载

对软件进行程序下载，可单独下载模块，也可以集中打包下载，如图1-26所示。

图1-26　程序下载

## 1.3.5　控制系统上位机组态软件编程

为了更好地对本项目的工作情况进行监视和控制，也为了简化监控人员的操作，在这里使用了组态软件。完成控制组态后，就可以在与 PLC 相连接的电脑上用组态软件对本项目进行监视和控制了。

### 1. 设计图形界面

本项目组态画面由监控画面和报表画面组成。监控画面以项目的示意图为摹本，加上了与控制元素相连接的动画元素，如图 1-27 所示。这样使得监控画面更加形象，更加贴近现实的工作状态，并且把系统的控制开关做到了组态软件的监控画面上，这样既节省了购买控制元器件的经费，也方便了监控人员的操作，最主要的是方便以后的技术改造。

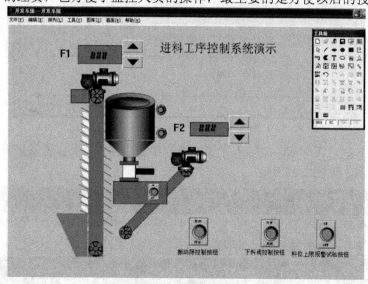

图 1-27　监控画面

### 2. 新建板卡

根据组态软件要连接的设备，选择正确的板卡并写入正确的地址。本实验装置采用西门子 S7-300 的 PLC，故应选择"板卡"→"新建板卡"→"PLC"→"西门子"→"S7-300 系列"→"S7-300MPI(通讯卡)"命令，设计逻辑名为"SIEMENS"，地址为"2.2"。完成后如图 1-28 所示。

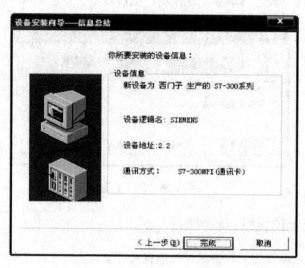

图 1-28　自动化预干燥工序组态 PLC 配置图

为了制作动画效果，还要新建一个仿真 PLC。选择"板卡"→"新建板卡"→"PLC"→"亚控"→"仿真 PLC"→"串行"命令，设置逻辑名为"仿真 PLC"，串口为"COM1"，地址为"1"。完成后的仿真 PLC 配置图如图 1-29 所示。

图 1-29　仿真 PLC 配置图

### 3. 构造数据库

根据组态画面所要用的数据，建立数据词典，包括 I/O 数据和制作动画用的数据。在工程浏览器中，选择"数据库"→"数据词典"命令，双击"新建图标"，弹出"变量属性"对话框，在其中根据变量的属性选择不同的类型。依次输入变量后，效果如图 1-30 所示。

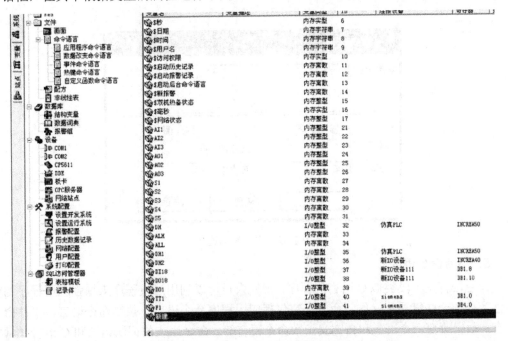

图 1-30　自动化进料工序组态数据词典

### 4．定义动画连接

定义动画连接是指在处在画面中的图形对象与数据库中的数据变量之间建立一种关系，当变量的值改变时，在画面上以图形对象的动画效果表现出来，如图 1-31 所示；也可由软件使用者通过图形对象改变数据变量的值，如图 1-32 所示。

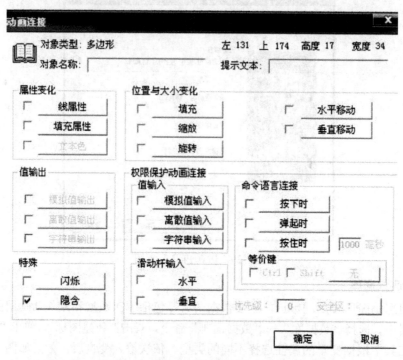

图 1-31　动画连接

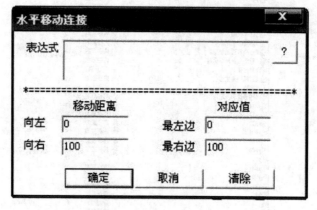

图 1-32　水平移动连接

### 5．编写命令语言

命令语言是一段类似 C 语言的程序，工程人员可以利用这段程序来增强应用程序的灵活性、处理一些算法和操作。命令语言包括应用程序命令语言、热键命令语言、事件命令语言、数据改变命令语言和自定义函数命令语言等。命令语言的词法语法和 C 语言非常类似，是 C 语言的一个子集，具有完备的词法语法查错功能和大量的运算符、数学函数、字符串函数、控制函数、SQL 函数和系统函数。各种命令语言通过"命令语言编辑器"编辑输入，在"组态软件"运行系统中被编译执行。

## 课后思考题

1. 如何在组态软件中采用"配方控制"实现进料传输速度的匹配？写出你的控制方案。
2. 如何保障犀斗输送机进料始终有料？画出控制系统图。
3. 工业上清洗物料的技术和方法有哪些？技术难点在哪里？

# 项目二　自动化清洗工序控制系统设计

## 2.1　实 训 目 的

(1) 复习可编程控制器的组成原理和应用方法。

(2) 熟悉 SIEMENS STEP 7 的应用方法。

(3) 理解并掌握定时控制和 PID 控制，完成控制系统的设计。

(4) 理解自动化清洗工序的自动化控制要求，并能够使用梯形图语言设计软件调节清洗水流量。

(5) 能使用 Visio 设计软件完成控制系统的电气原理图、信号接线图、控制逻辑图、控制回路图等设计图纸的绘制。

(6) 能完成清洗工序电气设备的试运转、信号的采集与控制。

(7) 能完成实验装置自动化清洗工序的硬件设计和软件编程。

(8) 能使用上位机监控软件和上位机组态软件进行设计。

(9) 熟悉计算机控制系统的组成原理，熟悉可编程控制器和工业自动化监控组态软件的应用。

## 2.2　实 训 原 理

### 2.2.1　清洗工序工艺概述

实验装置的清洗工序是由 1 个电液驱动传送带和 2 个电磁阀等设备组成的。其主要功能是完成清洗和物料运输。清洗工序生产流程如图 2-1 所示。

液压马达是液压系统的一种执行元件，它将液压泵提供的液体压力转变为其输出轴的机械能(转矩和转速)，主要应用于注塑机械、船舶、卷扬机、工程机械、建筑机械、煤矿机械、矿山机械等。

实验装置的清洗工序具有如下几个自动化功能：

(1) 实现皮带传输机输送速度和清洗过程的自动化变频控制；

(2) 实现水槽水位高限报警或低限信号联锁控制；

(3) 实现清洗水压大小闭环控制；

(4) 实现进料工序安全报警与联锁控制。

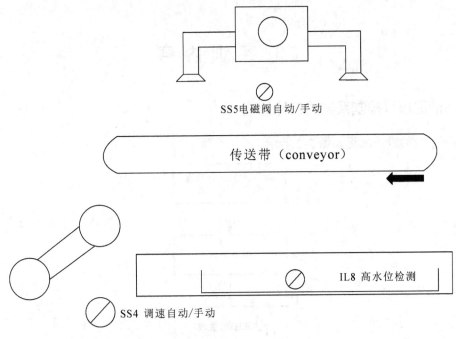

图 2-1 清洗工序生产流程示意图

## 2.2.2 清洗工序的控制要求

清洗工序的运输工作是由一个液压马达传送带完成的。为了完成清洗，需要打开两个电磁阀。另外，要求任何在传送带周围的干扰都可以被光电传感器探测到。

当把 SS1(PLC 启动/停止旋钮)旋钮拨到"ON"的位置时，PLC 开始运行。把 SS3(单机/联网旋钮)拨到"LOCAL"位置时，本工序就可以独立运行。"手动模式"还是"自动模式"可以通过 SS2(手动/自动旋钮)来选择。

在"自动模式"时，我们可以用 PB2 按钮来启动本工序。先用电位器设定好液压传动输入频率，然后按下 PB2(循环启动开关)，就可以进行自动清洗了。

在工作中，如果有人或物体靠近传送带，光电传感器就会发出一个防护报警信号，本工序也就随之停止。同样，在工作中如果出现急停信号或者在"网络模式"下有高位报警信号，本工序也会自动停止。所有的报警信号都消失后，按下 PB2，工序就可以再次运行。

本实验装置的清洗工序中加入了水压采集的检测设备，并利用西门子 PLC 的特有 PID 模块对其进行了整定。根据水压的大小和设定的实际所需要的大小之间的差，通过 PID 模块的积分和比例环节来实现智能控制，输出一个可以微调的模拟量，调节水泵电磁阀门，同时构成一个闭环回路控制。在液压输送机部分，可通过上位机的组态软件将模拟信号输送到西门子的 DB 模块中，再以 DB 模块输出的一个更加精确的控制量来控制水平速度，这使得水平速度的变化更加稳定和精确。

在添加水槽水位高限报警及联锁控制系统方面，可采用比较的方法，通过设定一个确定高位和实际水位的比较来控制水泵电磁阀的总开关。

# 2.3 实训内容

## 2.3.1 清洗项目控制系统的设计流程

控制系统的设计流程如图 2-2 所示。

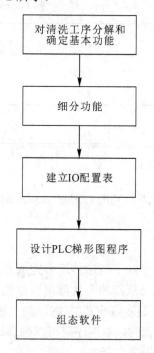

图 2-2　控制系统的设计流程图

### 1. 分解自动化清洗项目并确定基本功能

将自动化清洗工序分解成以下几个相互独立的部分：

- 电磁阀控制部分,既实现了连续可调的工作，也实现了稳定的输出并含有一定的精度，在高位报警的同时也启动了联锁控制，真正实现了自动控制的智能化。
- 液压传动控制部分。 水平传输机的液压传动是通过上位机组态软件里的一个控键将上位机里的一个虚拟的模拟量传送到西门子 PLC 中的 DB 模块中，再通过输出模块输送到电液控制阀中，使得液压传送带的速度可调。

### 2. 功能细化

为自动化清洗工序编写细分功能时，应包括以下各项：

- 输入/输出(I/O)点数。
- 动作功能描述。
- 每个执行器(电磁线圈、马达、驱动器等)的动作前条件。

### 3．建立 IO 表

自动化清洗工序中建立的 IO 配置表是为了方便我们对照所用到的输入和输出端口，设计安全回路，其主要有以下几个功能：

- 确定所需要的 I/O 端口。
- 确定所需要的 I/O 端口之间是如何实现要求的。
- 为 PLC 定义故障形式和再启动特性。

### 4．设计 PLC 梯形图程序

根据自动化清洗功能说明书及 I/O 端口要求设计程序，包括以下几项：

- 熟悉 STEP 7 中的功能模块。
- 结合 PLC 基础知识编写基本程序。
- 了解 STEP7 与其他编程软件的区别。
- 通过对转移、比较、计时、PID 整定模块的使用实现所有功能。

### 5．组态软件演示

根据自动化清洗功能控制需求，创建清洗工程的组态软件演示，包括：

- 了解清洗工序中可能发生的情况。
- 了解系统是如何实现功能的。
- 在开发窗口中设计整个流程的模拟形式，并以动画形式实现相关的功能。

## 2.3.2　控制功能设计说明及流程图

### 1．功能设计说明

清洗工序数字量信号统计表如表 2-1 所示，清洗工序模拟量信号统计表如表 2-2 所示。

表 2-1　清洗工序数字量信号统计表

| 序号 | IO 位号名称 | 说　明 | 正常状态 | 信号类型 | 点连接项 | 逻辑极性 | 是否需要累计运行时间 | IO 类型 |
|---|---|---|---|---|---|---|---|---|
| 1 | DI01 | 急停信号 | 1 | 干接点 | AS2 | 正逻辑 | 否 | 输入 |
| 2 | DI02 | 变频器故障触点 | 1 | 干接点 | AS2 | 正逻辑 | 否 | 输入 |
| 3 | DI03 | 防护传感器 1 | 0 | 干接点 | AS2 | 正逻辑 | 否 | 输入 |
| 4 | DI04 | 防护传感器 2 | 0 | 干接点 | AS2 | 正逻辑 | 否 | 输入 |
| 5 | DI05 | 水位报警 | 0 | 干接点 | AS2 | 正逻辑 | 否 | 输入 |
| 6 | DI06 | 工序启动 | 0 | 干接点 | AS2 | 正逻辑 | 否 | 输入 |
| 7 | DO01 | 电磁阀打开信号 | 0 | 干接点 | AS2 | 正逻辑 | 否 | 输出 |
| 8 | DO02 | 启动液压输送机 | 0 | 干接点 | AS2 | 正逻辑 | 否 | 输出 |
| 9 | DO03 | 报警信号灯 | 0 | 干接点 | AS2 | 正逻辑 | 否 | 输出 |
| 10 | DO04 | 保护信号 1 | 0 | 干接点 | AS2 | 正逻辑 | 否 | 输出 |
| 11 | DO05 | 保护信号 2 | 0 | 干接点 | AS2 | 正逻辑 | 否 | 输出 |
| 12 | DO06 | 急停显示 | 0 | 干接点 | AS2 | 正逻辑 | 否 | 输出 |

表 2-2　　清洗工序模拟量信号统计表

| 序号 | IO 位号名称 | 说　明 | 单位 | 信号类型 | 点连接项 | 是否做量程变换 | 裸数据上限 | I/O类型 |
|---|---|---|---|---|---|---|---|---|
| 1 | AI1 | 水位采集 | % | 4～20 mA | AS2 | 否 | 27 648 | 输入 |
| 2 | AI2 | 水压采集 | % | 4～20 mA | AS2 | 否 | 27 648 | 输入 |
| 3 | AO1 | 水压电磁阀控制变频器 | % | 4～20 mA | AS2 | 否 | 27 648 | 输出 |
| 4 | AO2 | 液压输送机控制变频器 | % | 4～20 mA | AS2 | 否 | 27 648 | 输出 |

### 2．自动化清洗工序控制程序设计

清洗工序的水位采用开关控制，冲洗水压采用 PID 控制，程序框图如图 2-3 所示。

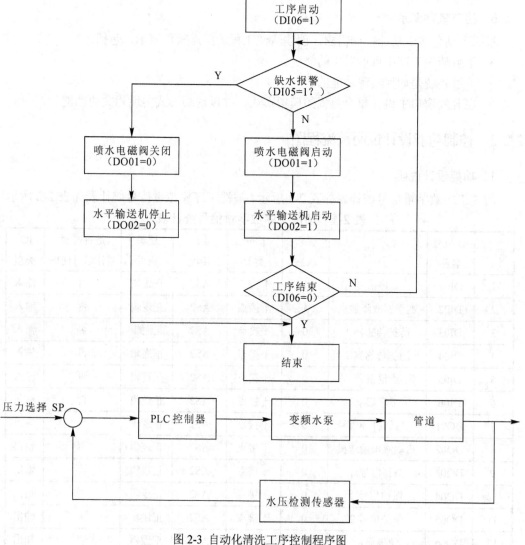

图 2-3　自动化清洗工序控制程序图

### 2.3.3　控制器硬件设计和应用程序设计

#### 1．硬件设计

清洗工序的硬件设计与进料工序类似，包括了选择合适的硬件设备，根据统计出来的 IO 点数选择 PLC 模块，确定操作员站，建立 PLC 配置表，具体参见进料工序的硬件设计。

#### 2．应用程序设计

根据自动化清洗工序的功能说明书，用 STEP 7 对 PLC 进行硬件组态和控制程序编程，步骤如下：

1）新建工程

方法参见本书"项目一"的相关内容。

2）STEP 7 硬件组态

将电源模块 PS 307(10A)(6ES7 307-1KA00-0AA0)、中央处理单元 CPU 315-2DP(6ES7 315-2AF03-2AB0)、数字量输入模块 SM321 DI 16 × DC24V(6ES7 321-1BH01-0AA0)、数字量输出模块 SM322 DO16 × DC 24 V/0.5 A(6ES7 322-1BH00-0AA0)、模拟量输入模块 SM331 AI8 × 12 Bit(6ES7 331-7KF01-0AB0)、模拟量输出模块 SM332 AO4 × 12 Bit(6ES7 332-5HD01-0AB0)按照安装的槽位号在 STEP 7 硬件组态中显示。硬件组态画面如图 2-4 所示。

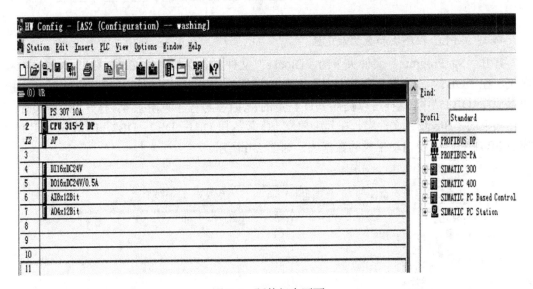

图 2-4　硬件组态画面

3）建立符号表 Symbol

为 PLC 系统所用的绝对地址建立符号名表，包括 I/O 信号物理值和程序中会用到的其他元素，如图 2-5 所示。

Symbol Editor - [S7 Program(1) (Symbols) -- washing\AS2\CPU 315-2 DP]

|  | Status | Symbol | Address | Data type | Comment |
|---|---|---|---|---|---|
| 1 |  | AI1 | PIW 288 | WORD | 水位采集 |
| 2 |  | AI2 | PIW 290 | WORD | 水压采集 |
| 3 |  | AO1 | PQW 304 | WORD | 水平输送机变频器 |
| 4 |  | AO2 | PQW 306 | WORD | 电磁阀控制变频器 |
| 5 |  | CONT_C | FB 41 | FB 41 | Continuous Control |
| 6 |  | CYC_INT5 | OB 35 | OB 35 | Cyclic Interrupt 5 |
| 7 |  | DI1 | I 0.1 | BOOL | 传递信号来自第1工序 |
| 8 |  | DI2 | I 0.2 | BOOL | 变频器故障 |
| 9 |  | DI3 | I 0.3 | BOOL | 防护传感器1 |
| 10 |  | DI4 | I 0.4 | BOOL | 防护传感器2 |
| 11 |  | DI5 | I 0.5 | BOOL | 水位报警 |
| 12 |  | DI6 | I 0.0 | BOOL | 工序启动 |
| 13 |  | DO1 | Q 4.0 | BOOL | 电磁伐打开信号 |
| 14 |  | DO2 | Q 4.1 | BOOL | 启动液压输送机 |
| 15 |  | DO3 | Q 4.2 | BOOL | 报警信号灯 |
| 16 |  | DO4 | Q 4.3 | BOOL | 保护信号灯1 |
| 17 |  | DO5 | Q 4.4 | BOOL | 保护信号灯2 |
| 18 |  | DO6 | Q 4.5 | BOOL | 急停显示 |
| 19 |  | M0.1 | M 0.1 | BOOL | 中间寄存器1 |
| 20 |  | M0.2 | M 0.2 | BOOL | 中间寄存器2 |
| 21 |  | MW1 | MW 1 | WORD | 中间寄存器3 |
| 22 |  | MW2 | MW 3 | WORD | 中间寄存器4 |
| 23 |  | MW3 | MW 5 | WORD | 中间寄存器5 |
| 24 |  | MW4 | MW 7 | WORD | 中间寄存器6 |

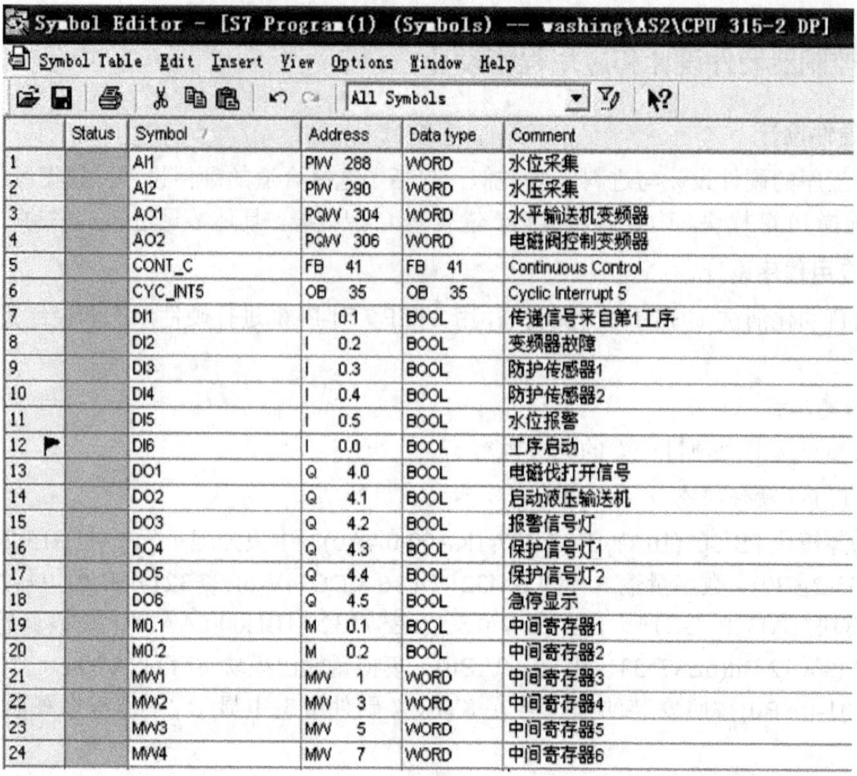

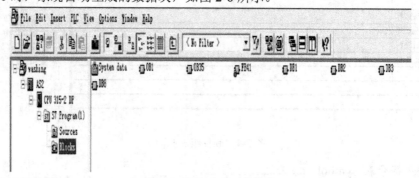

图 2-5 符号表 Symbol

4) 建立 PLC 程序块和数据块 DB

打开“S7 Program”文件夹下的“Blocks”文件夹，在其中建立“OB1”、“OB35”程序块。在“OB1”中存放主程序。因为“OB35”的扫描周期比较短，所以将 PID 整定模块存放在“OB35”中，这样可以提高 PID 整定的精度(参考程序见附录 4)。打开“S7 Program”文件夹下的“Blocks”文件夹，在其中建立 I/O 数据块 DB1、DB2、DB3。DB8 是调用 PID 模块 FB41 时，系统自动生成的数据块，如图 2-6 所示。

图 2-6 “Blocks” 文件夹

5) 编辑数据块 DB

分别双击数据块 DB1、DB2、DB3，可输入数据块中的数据变量名称、数据类型、初始值以及备注信息，如图 2-7～图 2-9 所示。

oug View Options Window Help

| Address | Name | Type | Initial value | Comment |
|---|---|---|---|---|
| 0.0 | | STRUCT | | |
| +0.0 | AI2 | WORD | W#16#0 | 水压采集 |
| +2.0 | AI1 | WORD | W#16#0 | 水位采集 |
| +4.0 | I1 | BOOL | FALSE | 急停 |
| +4.1 | I2 | BOOL | FALSE | 变频器故障 |
| +4.2 | I3 | BOOL | FALSE | 防护传感器1 |
| +4.3 | I4 | BOOL | FALSE | 防护传感器2 |
| +4.4 | I5 | BOOL | FALSE | 水位报警 |
| +4.5 | I6 | BOOL | FALSE | 工序启动 |
| =6.0 | | END_STRUCT | | |

图 2-7　清洗工序 DB1

| Address | Name | Type | Initial value | Comment |
|---|---|---|---|---|
| 0.0 | | STRUCT | | |
| +0.0 | A01 | WORD | W#16#0 | 水平输送机变频器输出 |
| +2.0 | A02 | WORD | W#16#0 | 电磁阀变频器输出 |
| =4.0 | | END_STRUCT | | |

图 2-8　清洗工序 DB2

| Address | Name | Type | Initial value | Comment |
|---|---|---|---|---|
| 0.0 | | STRUCT | | |
| +0.0 | 01 | BOOL | FALSE | 电磁伐打开信号 |
| +0.1 | 02 | BOOL | FALSE | 启动液压输送机 |
| +0.2 | 03 | BOOL | FALSE | 报警信号灯 |
| +0.3 | 04 | BOOL | FALSE | 传感器信号灯1 |
| +0.4 | 05 | BOOL | FALSE | 传感器信号灯2 |
| +0.5 | 06 | BOOL | FALSE | 急停显示 |
| =2.0 | | END_STRUCT | | |

图 2-9　清洗工序 DB3

6) 建立变量运行状态表

方法参见本书"项目一"中的相关内容。

7) 下载和调试

(1) 先将程序下载安装到仿真 PLC 中，如图 2-10 所示。

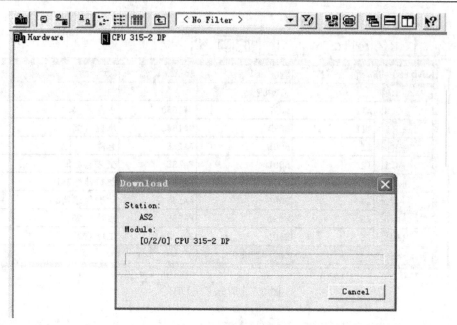

图 2-10　程序下载

(2) 进行测试。如图 2-11 所示,将所要求的 Input 和 Output 调出来。

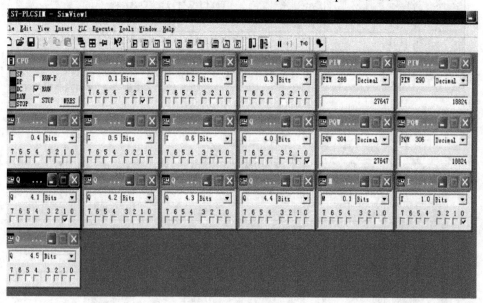

图 2-11　调试界面

　　调试这部分是相当重要的,任何一个程序都是进行了无数次的检测才最终走到大家面前的。所以程序的调试和编写程序是同等重要的,不仅仅要在软件上的调试还要在 PLC 上,乃至在硬件全部安装后,联网状况下都要进行调试。

　　调试结束后,便是整个系统整体试用的过程,这个过程要花费一段时间。由于时间的原因,这一过程将留给以后使用该机器的同学来进行,希望你们在使用的过程中发现错误,提出疑问,加入新的创意,进一步进行改良,提高这个设备的技术含量。

### 2.3.4　控制系统上位机组态软件编程

为了更好地对本工序的工作情况进行监视和控制，也为了简化控制人员的操作。本项目使用了组态软件。完成控制组态后，就可以在与 PLC 相连接的电脑上用组态软件对本工序进行监视和控制了。

**1．建立画面**

本工序的组态画面由监控画面和报表画面组成。监控画面以工序的示意图为摹本，加上了与控制元素相连接的动画元素，如图 2-12 所示。这样使得监控画面更加形象，更加贴近现实的工作状态，并且把原系统做在机柜上的控制开关都做到了组态软件的监控画面上。这样既节省了购买控制元器件的经费，也方便了监控人员的操作，最主要的是方便以后的技术改造。

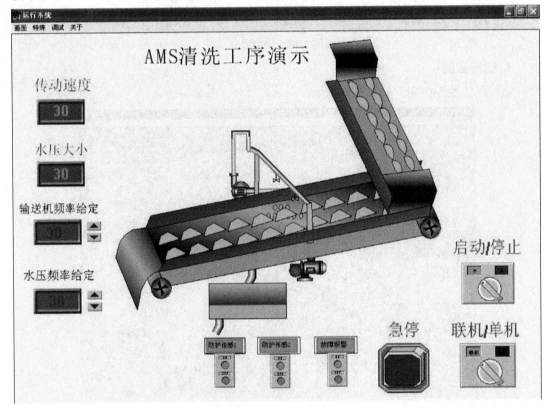

图 2-12　开发画面

在开发系统中，可调用仿真 PLC 来代替西门子 PLC 的功能，这样使得整个开发可以模拟进行。对于西门子 PLC 的连接，只需要将仿真 PLC 替换掉，将"水压频率给定"和"输送机频率给定"与西门子 PLC 的数据模块的数据进行连接，就可以实现现场控制和动画演示的同步效果。

**2．组态软件数据词典**

设计组态软件时可参考数据词典，如图 2-13 所示。

| | | | |
|---|---|---|---|
| I00 | 防护传感1 | 内存离散 | 21 |
| I01 | 防护传感2 | 内存离散 | 22 |
| I02 | 变频器故障触点 | 内存离散 | 23 |
| I03 | 工序启动开关 | 内存离散 | 24 |
| I04 | 急停开关 | 内存离散 | 25 |
| DH | ？？ | 内存实型 | 26 |
| SP1 | 输送机频率给定 | 内存实型 | 27 |
| SP2 | 水压给定 | 内存实型 | 28 |
| PV1 | 输送机反馈 | 内存实型 | 29 |
| PV2 | 水压反馈 | 内存实型 | 30 |
| Q41 | 电磁伐启动 | 内存离散 | 31 |
| Q40 | 输送机启动 | 内存离散 | 32 |
| M20 | 高水位报警 | 内存离散 | 33 |
| M30 | 联机OK单机 | 内存离散 | 34 |
| M01 | 变频器故障 | 内存离散 | 35 |
| M11 | 防护传感2 | 内存离散 | 36 |
| DH1 | 水平移动0 | I/O整型 | 37 |
| DH2 | 水平移动1 | I/O整型 | 38 |
| DH3 | 水平移动2 | I/O整型 | 39 |
| DH0 | 中间变量 | 内存整型 | 40 |
| DH4 | 水平移动3 | I/O整型 | 41 |
| DH5 | 水位演示 | I/O整型 | 42 |
| move | 移动0 | 内存离散 | 43 |
| move1 | 移动2 | 内存离散 | 44 |
| move2 | 移动3 | 内存离散 | 45 |
| move3 | ？？ | 内存离散 | 46 |
| move4 | ？？ | 内存实型 | 47 |
| move5 | ？？ | 内存整型 | 48 |
| 水压1 | 水压1 | 内存离散 | 49 |
| 水压2 | 水压2 | 内存离散 | 50 |
| 水压3 | 水压3 | 内存离散 | 51 |
| 水位 | | 内存离散 | 52 |
| Q42 | 水泵启停 | 内存离散 | 53 |

图 2-13　数据词典

### 3. 运行画面

运行时的监控画面，如图 2-14 所示。

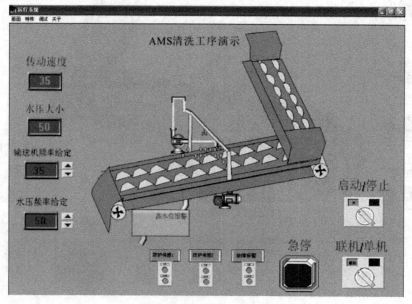

图 2-14　监控画面

# 课后思考题

1. 液压传输的优缺点有哪些？
2. 如何实现清洗强度和清洗时间的自动控制？请画出程序框图。
3. 工业加热有哪些技术方法？温度控制的要点和难点是什么？

# 项目三 自动化加热工序控制系统设计

## 3.1 实训目的

(1) 复习可编程控制器的组成原理和应用方法。

(2) 熟悉 SIEMENS STEP 7 的应用方法。

(3) 理解自动化加热工序的自动化控制要求，并深入理解 PID 的控制，设计自动化系统加热工序。

(4) 能使用 Visio 设计软件完成控制系统的电气原理图、信号接线图、控制逻辑图、控制回路图等设计图纸的绘制。

(5) 能完成加热工序电气设备的试运转以及信号的采集与控制。

(6) 能完成实验装置自动化加热工序的硬件设计和软件编程。

(7) 能使用组态软件完成控制组态和上位机组态软件设计。

(8) 熟悉计算机控制系统的组成原理、可编程控制器和工业自动化监控组态软件的应用。

## 3.2 实训原理

### 3.2.1 加热工序的工艺描述

原料经过清洗工序后开始进行加热工序，实验装置中的加热工序的生产流程如图 3-1 所示，主要功能是将原料进行加热烘干，使原料的湿度达到 0%。加热工序主要由加热器、热电偶、编码器、变频器等设备组成。

其中，热电偶(Thermocouple)是温度测量仪表中常用的测温元件，它可直接测量温度，并把温度信号转换成热电动势信号。编码器(encoder)是将信号(如比特流)或数据进行编制、转换为可用以通讯、传输和存储的信号形式的设备。变频器(Variable-frequency Drive，VFD)是应用变频技术与电力电子技术，通过改变电机工作电源的频率来控制交流电动机的电力控制设备。

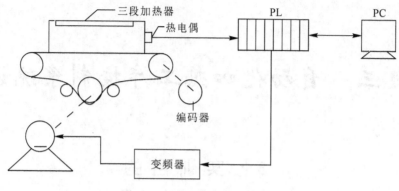

图 3-1　加热工序生产流程图

加热工序具有如下功能：

(1) 能实现对物料温度以及传输速度的实时监控；

(2) 能实现加热温度、输送速度之间的自动化变频控制；

(3) 能实现加热工序的安全报警与联锁控制功能。

### 3.2.2　加热工序的控制要求

按下控制按钮后，输送机便开始运行，并通过直流调速器进行调速，输送机的直流电机由调速器的 PID 控制。安装在加热装置顶部的热电偶元件被用来检测加热器的内部温度，直流电机上的编码器被用来测量直流电机的转速，并通过控制器计算获得输送机的输送速度。例如，当热电偶检测到的物料温度高于设定值时，变频器就会加快输送机的速度，通过编码器可以反馈输送速度的情况。加热时有三段同时加温，第三段的加温是为了防止加热时温度的波动而设置的。由于温度很高，在加热器的两边设有两个红外传感器，当有人接近加热装置时，系统就会联锁紧急停车，起到保护实验人员的作用。

## 3.3　实　训　内　容

### 3.3.1　加热工序控制系统的设计流程

自动化加热工序控制程序流程如图 3-2 所示。

### 3.3.2　控制器硬件设计和应用程序设计

#### 1. 硬件设计

加热系统的硬件设计与进料工序类似，有 8 个数字量输入信号、7 个数字量输出信号、3 个模拟量输入信号和 1 个模拟量输出信号，变频器采用的是富士电机的低噪声高性能多功能 FRENIC 5000 G11S 变频器，控制器选用的是 SIEMENS SIMATIC S7-300 系列的 PLC。

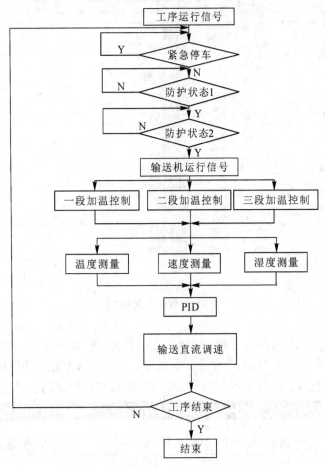

图 3-2 自动化加热工序控制程序流程图

## 2. 应用程序设计

用 SIEMENS SIMATIC S7-300 PLC 的配套编程软件 STEP 7 对 PLC 的硬件组态和控制程序进行编程，并且用上位机监控软件对本工序进行控制组态的设计，实现用上位机对本工序监控的功能。

1) 新建工程

新建工程参见其他章节相关部分。

2) STEP 7 硬件组态

STEP 7 硬件组态参见其他章节相关部分。

3) 建立符号表 Symbol

为 PLC 系统所用的绝对地址建立符号名表，包括 I/O 信号物理值和程序中会用到的其他元素，如图 3-3 所示。

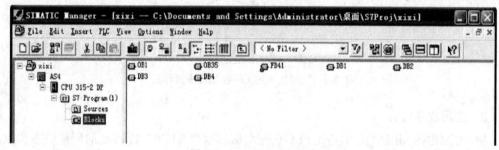

| | Status | Symbol | | Address | | Data type | | Comment |
|---|---|---|---|---|---|---|---|---|
| 1 | | AI1 | | PIW | 288 | WORD | | 温度测量 |
| 2 | | AI2 | | PIW | 290 | WORD | | 湿度测量 |
| 3 | | AI3 | | PIW | 292 | WORD | | 速度测量 |
| 4 | | AO1 | | PQW | 304 | WORD | | 输送直流调速 |
| 5 | | CONT_C | | FB | 41 | FB | 41 | Continuous Control |
| 6 | | CYC_INT5 | | OB | 35 | OB | 35 | Cyclic Interrupt 5 |
| 7 | | DI1 | | I | 0.0 | BOOL | | 输送机的运行信号 |
| 8 | | DI2 | | I | 0.1 | BOOL | | 防护状态1 |
| 9 | | DI3 | | I | 0.2 | BOOL | | 防护状态2 |
| 10 | | DI4 | | I | 0.3 | BOOL | | 紧急停车 |
| 11 | | DI5 | | I | 0.4 | BOOL | | 工序运行信号 |
| 12 | | DI6 | | I | 0.5 | BOOL | | 一段加温 |
| 13 | | DI7 | | I | 0.6 | BOOL | | 二段加温 |
| 14 | | DI8 | | I | 0.7 | BOOL | | 三段加温 |
| 15 | | DO1 | | Q | 4.0 | BOOL | | 本工序启动 |
| 16 | | DO2 | | Q | 4.1 | BOOL | | 一段加温控制 |
| 17 | | DO3 | | Q | 4.2 | BOOL | | 二段加温控制 |
| 18 | | DO4 | | Q | 4.3 | BOOL | | 三段加温控制 |
| 19 | | DO5 | | Q | 4.4 | BOOL | | 输送机启动 |
| 20 | | DO6 | | Q | 4.5 | BOOL | | 防护报警1 |
| 21 | | DO7 | | Q | 4.6 | BOOL | | 防护报警2 |
| 22 | | MW0 | | MW | 0 | WORD | | 温度反馈数据 |
| 23 | | MW2 | | MW | 2 | WORD | | 湿度反馈数据 |
| 24 | | MW4 | | MW | 4 | WORD | | 速度反馈数据 |
| 25 | | | | | | | | |

图 3-3　符号表 Symbol

4) 编写程序

打开"S7 Program"文件夹下的"Blocks"文件夹，在其中建立"OB1"、"OB35"程序块，如图 3-4 所示。在"OB1"中存放主程序。因为"OB35"的扫描周期比较短，所以将 PID 整定模块存放在"OB35"中，这样可以提高 PID 整定的精度(参考程序见附录)。

图 3-4　"Blocks" 文件夹

5) 建立数据块

打开"S7 Program"文件夹下的"Blocks"文件夹，在其中建立"DB1"、"DB2"、"DB3"、"DB4"数据块。在"DB1"中存放模拟量输入输出数据，在"DB2"中存放数字量输入数据，在"DB3"中存放数字量输出数据。如图 3-5～3-7 所示。

| Address | Name | Type | Initial value | Comment |
|---|---|---|---|---|
| 0.0 | | STRUCT | | |
| +0.0 | PIW288 | WORD | W#16#0 | 温度测量 |
| +2.0 | PIW290 | WORD | W#16#0 | 湿度测量 |
| +4.0 | PQW292 | WORD | W#16#0 | 速度测量 |
| +6.0 | PQW304 | WORD | W#16#0 | 输送直流调速 |
| =8.0 | | END_STRUCT | | |

图 3-5　DB1 数据块图

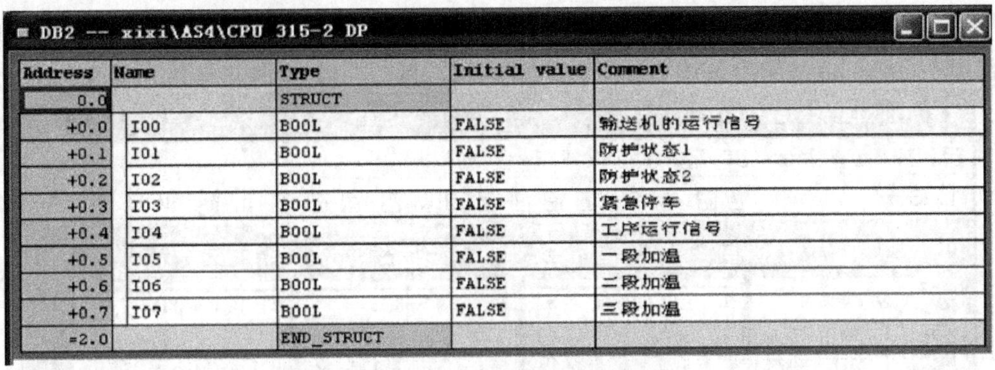

DB2 -- xixi\AS4\CPU 315-2 DP

| Address | Name | Type | Initial value | Comment |
|---|---|---|---|---|
| 0.0 | | STRUCT | | |
| +0.0 | I00 | BOOL | FALSE | 输送机的运行信号 |
| +0.1 | I01 | BOOL | FALSE | 防护状态1 |
| +0.2 | I02 | BOOL | FALSE | 防护状态2 |
| +0.3 | I03 | BOOL | FALSE | 紧急停车 |
| +0.4 | I04 | BOOL | FALSE | 工序运行信号 |
| +0.5 | I05 | BOOL | FALSE | 一段加温 |
| +0.6 | I06 | BOOL | FALSE | 二段加温 |
| +0.7 | I07 | BOOL | FALSE | 三段加温 |
| =2.0 | | END_STRUCT | | |

图 3-6　DB2 数据块图

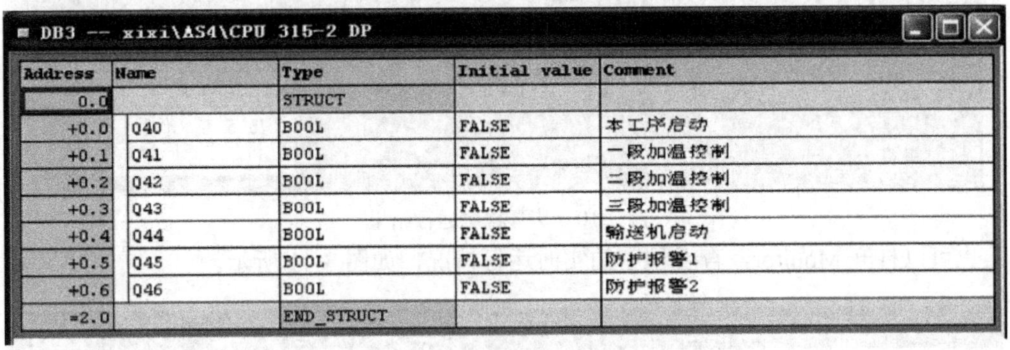

DB3 -- xixi\AS4\CPU 315-2 DP

| Address | Name | Type | Initial value | Comment |
|---|---|---|---|---|
| 0.0 | | STRUCT | | |
| +0.0 | Q40 | BOOL | FALSE | 本工序启动 |
| +0.1 | Q41 | BOOL | FALSE | 一段加温控制 |
| +0.2 | Q42 | BOOL | FALSE | 二段加温控制 |
| +0.3 | Q43 | BOOL | FALSE | 三段加温控制 |
| +0.4 | Q44 | BOOL | FALSE | 输送机启动 |
| +0.5 | Q45 | BOOL | FALSE | 防护报警1 |
| +0.6 | Q46 | BOOL | FALSE | 防护报警2 |
| =2.0 | | END_STRUCT | | |

图 3-7　DB3 数据块图

6) 下载和调试

按"Simulation on/off"按钮，打开 SIMATIC PLC 的仿真程序，插入和程序相对应的 Input 和 Output 模块，效果如图 3-8 所示。

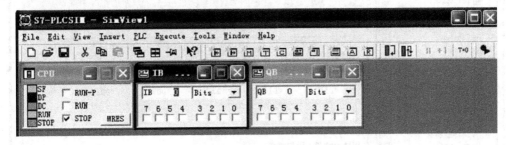

图 3-8　S7-PLC SIM 仿真程序

将编写好的程序下载安装到仿真 PLC 中，如图 3-9 所示。

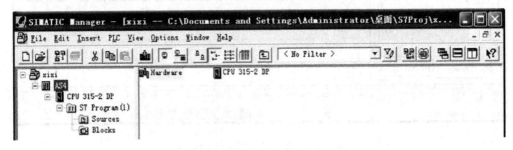

图 3-9　程序下载安装

启动仿真 PLC，并且将值输入到与输入程序对应的 Input 口，察看对应的 Output 口是否输出了正确的值，如图 3-10 所示。以此方式来测试和调试程序。

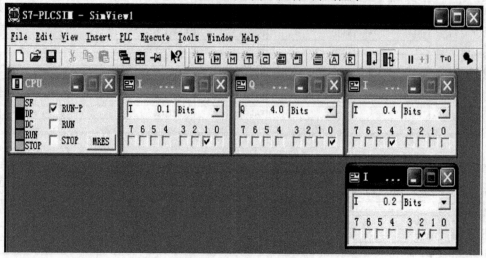

图 3-10　仿真程序运行结果

也可以打开 Monitor，查看程序的实时运行情况，如图 3-11 所示。

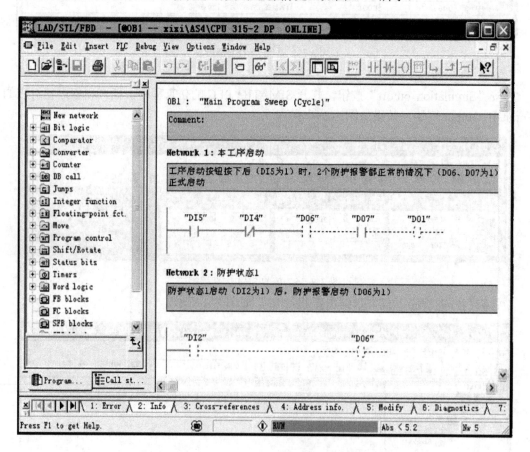

图 3-11　OB1 主程序的实时模式

### 3.3.3　控制系统上位机组态软件编程

为了更好地对本工序的工作情况进行监视和控制，也为了简化控制人员的操作，使用了组态软件。完成控制组态后，就可以在与 PLC 相连接的电脑上用组态软件对本工序进行监视和控制了。

#### 1. 建立画面

本工序组态画面由监控画面组成。

监控画面以工序的示意图为摹本，加上了与控制元素相连接的动画元素。这样使得监控画面更加形象，更加贴近现实的工作状态，并且把机柜上的控制开关做到了组态软件的监控画面上，这样既节省了控制元器件的经费，也方便了监控人员的操作，最主要的是方便以后的技术改造。

首先双击组态软件图标，执行"文件"→"新建工程"命令，建立一个名为"干燥"的工程，如图 3-12 所示。

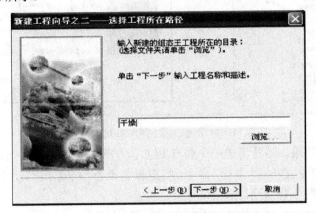

图 3-12　新建工程图

新建工程后，建立加热工序的监控画面，如图 3-13 所示。

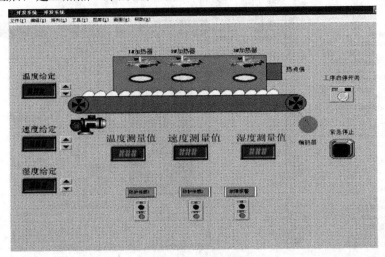

图 3-13　监控画面

### 2. 组态软件的组态过程

根据组态软件要连接的设备，选择正确的板卡并写入正确的地址。本项目中所用的是西门子 S7-300 的 PLC，故选择"设备"→"新建设备"→"PLC"→"西门子"→"S7-300系列"→"S7-300MPI(通讯卡)"命令，将逻辑名设为"西门子"，地址设为"2.2"，如图3-14 所示。

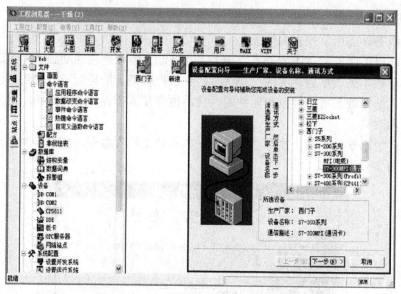

图 3-14　自动化加热工序组态 PLC 配置图

为了制作动画效果，还要新建一个仿真 PLC。选择"设备"→"新建设备"→"PLC"→"亚控"→"仿真 PLC"→"串行"命令，将逻辑名设为"仿真 PLC"，串口设为"COM1"，地址设为"1"，如图 3-15 所示。

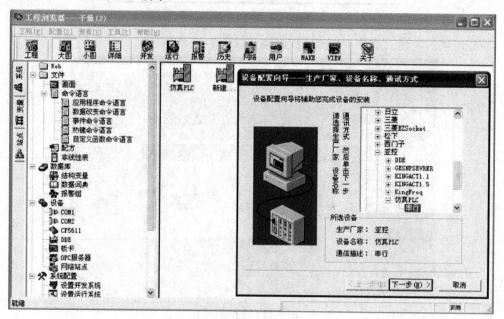

图 3-15　仿真 PLC 配置图

　　根据组态画面所要用的数据，建立数据词典，包括 I/O 数据和制作动画用的数据。在工程浏览器中，选择"数据库"→"数据词典"命令，双击"新建图标"，弹出"变量属性"对话框，在其中根据变量的属性选择不同的类型来设置数据词典，如图 3-16 所示。

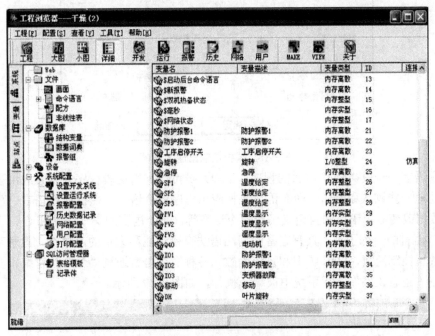

图 3-16　数据词典设置图

　　定义动画连接就是在显示于画面中的图形对象与数据库中的数据变量之间建立一种关系，当变量的值改变时，在画面上以图形对象的动画效果表现出来，如图 3-17 所示；或者由软件使用者通过图形对象来改变数据变量的值，如图 3-18 所示。

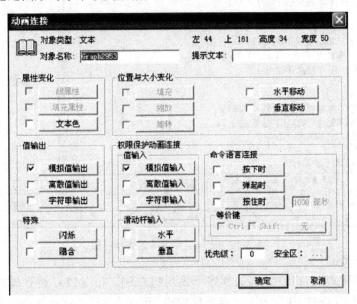

图 3-17　动画连接图

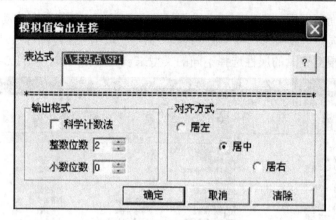

图 3-18　模拟值输出连接设置

　　命令语言是一段类似 C 语言的程序，工程人员可以利用这段程序来增强应用程序的灵活性、处理一些算法和操作。命令语言包括应用程序命令语言、热键命令语言、事件命令语言、数据改变命令语言和自定义函数命令语言等。命令语言的词法语法和 C 语言非常类似。是 C 语言的一个子集，具有完备的词法语法查错功能和大量的运算符、数学函数、字符串函数、控制函数、SQL 函数和系统函数。各种命令语言通过"命令语言编辑器"编辑输入，在"组态软件"运行系统中被编译执行，如图 3-19 所示。

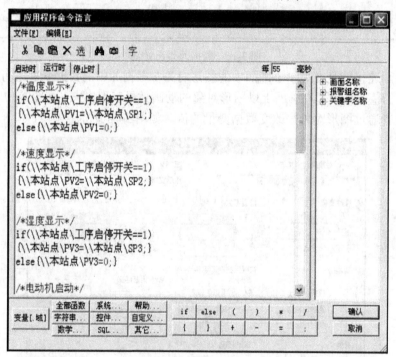

图 3-19　应用程序命令语言程序图

### 3．连接与调试

　　设置完成后，将 STEP 7 编写的程序下载到 PLC 中，并将 PLC 运行模式拨到"RUN"，运行 PLC。打开"组态软件"，调出"自动化加热"程序，将自动化加热画面切换到"VIEW"模式进行运行调试，确认是否符合自动化加热控制的要求，如图 3-20 所示。

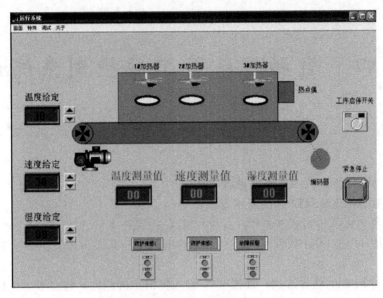

图 3-20　"VIEW"模式初始画面

# 课后思考题

1. 如果本工序物料需要预干燥，如何设计控制系统？写出你的控制方案。
2. 如何提高温度的控制精度？
3. 工业包装技术主要有哪些种类？自动化包装的技术难点是什么？

# 项目四　自动化包装工序控制系统设计

## 4.1　实训目的

(1) 了解 SIEMENS S7-300 硬件系统的组成。

(2) 熟悉 SIEMENS STEP 7 的应用方法。

(3) 熟悉自动化系统的基本流程，并利用 PLC 控制技术设计该工序的自动控制系统。

(4) 能使用 Visio 设计软件完成控制系统的电气控制原理图和现场信号端子接线图的测绘和设计。

(5) 完成对 PLC 的硬件选型，模拟/数字输入输出点的整理，建立 Symbol 符号表。

(6) 使用 PLC 编程软件工具 SIEMENS STEP 7 进行 PLC 编程以及调试。

(7) 使用组态软件完成包装工序的动态演示。

(8) 熟悉计算机控制系统的组成原理、可编程控制器和工业自动化监控组态软件的应用。

## 4.2　实训原理

### 4.2.1　包装工序的工艺描述

本项目的包装工序图如图 4-1 所示。包装工序主要由位置传感器、推袋杆、电阻应变式称重传感器、封口加热装置等设备组成。本工序能实现对包装袋规格的自动识别、自动加料以及自动封口等自动化操作。

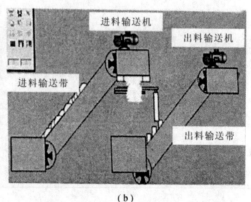

(a)　　　　　　　　　　　　　　(b)

图 4-1　包装工序图

电阻应变式传感器主要由应变电阻片和测量线路两部分组成。其中，应变电阻片感受到被测压力后，会产生弹性形变，并引起电阻值的改变，是一个将力转换成电阻变化的检测元件。

本项目具有如下功能：

(1) 能实现进料、拉开袋口、吹气、加料、合并袋口、热塑、放袋操作的协调控制运行；

(2) 能识别小袋、中袋、大袋三种规格的包装袋，并按相应重量的物料进行加料；

(3) 能实现包装工序的安全报警与联锁控制功能。

## 4.2.2　包装工序的控制要求

由加热工序出来的物料经皮带输送机送入包装工序的料仓内，等待包装。包装机内的推杆将包装袋就位，由底部的三个位置传感器来判断包装袋是否已经就位，并且判断包装袋的大小规格。当包装袋就位之后，伸出一个拉杆拉开包装袋的袋口，打开压缩空气阀门向包装内吹气将袋口吹开，然后打开出料仓的出料闸板往包装袋内加料，同时称重。如果称重合格则关闭出料闸板停止进料。然后拉杆复位，将包装袋的袋口关闭，最后通过拉杆上的热塑器对包装袋进行热塑封口，热塑的温度和时间由控制器预先设定，完成热塑后夹袋杆放开包装袋，包装袋落入皮带输送机被送至储存工序。

# 4.3　实训内容

## 4.3.1　控制功能设计说明及流程图

根据 4.2.2 节的控制要求，包装工序的控制程序流程图的设计应参考图 4-2，自动化控制系统包装工序模拟量、数字量信号统计表见表 4-1、表 4-2。

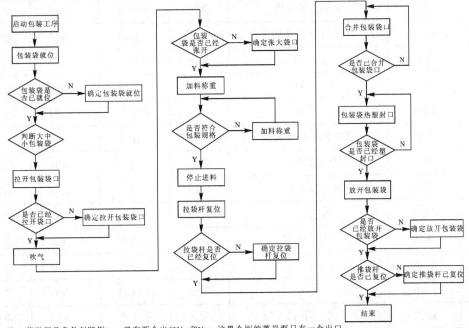

注：菱形框是条件判断框，一般有两个出口Yes和No。这里个别的菱形框只有一个出口，是因为系统处于控制系统挂起(hold)等待状态，一般不表示。后面图亦如此，不再说明。

图 4-2　包装工序程序设计

表 4-1 自动化控制系统包装工序模拟量信号统计表

| I/O位号名称 | 说明 | 单位 | 信号类型 | 点连接项 | 量程 | | 报警 | | 是否做量程变换 | 裸数据上限 | 变化率报警 | 正常值 | I/O类型 |
|---|---|---|---|---|---|---|---|---|---|---|---|---|---|
| | | | | | 上限 | 下限 | 上限 | 下限 | | | | | |
| AI1 | 称重传感器 | kg | 4～20 mA | AS4 | 5 | 0 | | | 是 | 27 648 | | 1.5 | 输入 |
| AO1 | 进料变频器 | % | 4～21 mA | AS4 | 100 | 0 | | | 否 | 27 648 | | 100 | 输出 |

表 4-2 自动化控制系统包装工序数字量信号统计表

| 序号 | I/O位号名称 | 说明 | 正常状态 | 信号类型 | 点连接项 | I/O类型 |
|---|---|---|---|---|---|---|
| 1 | DI1 | 包装工序启动 | 关闭 | 干接点 | AS4 | 输入 |
| 2 | DI2 | 称重传感器正常状态信号 | 关闭 | 干接点 | AS4 | 输入 |
| 3 | DI3 | 包装袋就位信号反馈 | 关闭 | 干接点 | AS4 | 输入 |
| 4 | DI4 | 拉开袋口就位反馈信号 | 关闭 | 干接点 | AS4 | 输入 |
| 5 | DI5 | 吹气启动袋口张大信号反馈 | 关闭 | 干接点 | AS4 | 输入 |
| 6 | DI6 | 下料门打开信号反馈 | 关闭 | 干接点 | AS4 | 输入 |
| 7 | DI7 | 下料门关闭信号反馈 | 关闭 | 干接点 | AS4 | 输入 |
| 8 | DI8 | 夹袋信号反馈 | 关闭 | 干接点 | AS4 | 输入 |
| 9 | DI9 | 热塑信号反馈 | 关闭 | 干接点 | AS4 | 输入 |
| 10 | DI10 | 拉杆复位信号反馈 | 关闭 | 干接点 | AS4 | 输入 |
| 11 | DI11 | 小袋 | 关闭 | 干接点 | AS4 | 输入 |
| 12 | DI12 | 中袋 | 关闭 | 干接点 | AS4 | 输入 |
| 13 | DI13 | 大袋 | 关闭 | 干接点 | AS4 | 输入 |
| 14 | DI14 | 推杆复位信号反馈 | 关闭 | 干接点 | AS4 | 输入 |
| 15 | DO1 | 包装袋就位 | 关闭 | 干接点 | AS4 | 输出 |
| 16 | DO2 | 拉开包装袋口 | 关闭 | 干接点 | AS4 | 输出 |
| 17 | DO3 | 吹气启动 | 关闭 | 干接点 | AS4 | 输出 |
| 18 | DO4 | 下料门打开 | 关闭 | 干接点 | AS4 | 输出 |
| 19 | DO5 | 下料门关闭 | 打开 | 干接点 | AS4 | 输出 |
| 20 | DO6 | 夹袋 | 关闭 | 干接点 | AS4 | 输出 |
| 21 | DO7 | 热塑封口 | 关闭 | 干接点 | AS4 | 输出 |
| 22 | DO8 | 放开包装袋 | 关闭 | 干接点 | AS4 | 输出 |

续表

| 序号 | I/O位号名称 | 说　明 | 正常状态 | 信号类型 | 点连接项 | I/O类型 |
|------|-----------|--------|---------|---------|---------|--------|
| 23 | DO9 | 推杆复位 | 关闭 | 干接点 | AS4 | 输出 |
| 24 | DO10 | 拉杆复位 | 关闭 | 干接点 | AS4 | 输出 |
| 25 | DO11 | 进料输送机启动 | 关闭 | 干接点 | AS4 | 输出 |
| 26 | DO12 | 紧急停止 | 关闭 | 干接点 | AS4 | 输出 |

## 4.3.2　控制器硬件选型和应用程序设计

### 1. 硬件选型

根据包装工序的控制需求，控制器硬件选型如下：

(1) 电源模块 PS 307(10A)(6ES7 307-1KA00-0AA0)。

(2) 中央处理单元 CPU 315-2DP(6ES7 315-2AF03-0AB0)。

(3) 数字量输入模块 SM321 DI16xDC24V(6ES7 321-1BH01-0AA0)。

(4) 数字量输出模块 SM322 DO16xDC24V/0.5A(6ES7 322-1BH01-0AA0)。

(5) 模拟量输入模块 SM331 AI 8x12Bit(6ES7 331-7KF01-0AB0)。

(6) 模拟量输出模块 SM332 AO4x12Bit(6ES7 332-5HD01-0AB0)。

### 2. 应用程序设计

控制器应用程序设计步骤如下：

1) 新建工程

打开 STEP 7 开发平台后，点击"NEW"创建一个新工程。所有的软件编制工作都将以数据的形式保存在新建的工程文件夹中。

2) STEP 7 硬件组态

包装工序控制系统结构图如图 4-3 所示。

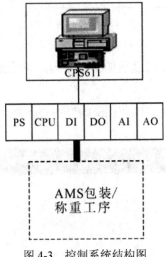

图 4-3　控制系统结构图

将电源模块 PS 307(10A)(6ES7 307-1KA00-0AA0)、中央处理单元 CPU 315-2DP(6ES7 315-2AF03-0AB0)、数字量输入模块 SM321 DI16xDC24V(6ES7 321-1BH01-0AA0)、数字量输出模块 SM322 DO16xDC24V/0.5A (6ES7 322-1BH01-0AA0)、模拟量输入模块 SM331 AI 8x12Bit(6ES7 331-7KF01-0AB0)、模 拟 量 输 出 模 块 SM332 AO4x12Bit(6ES7 332-5HD01-0AB0)按照安装的槽号在 STEP 7 里面进行硬件组态,具体配置如图 4-4 所示。

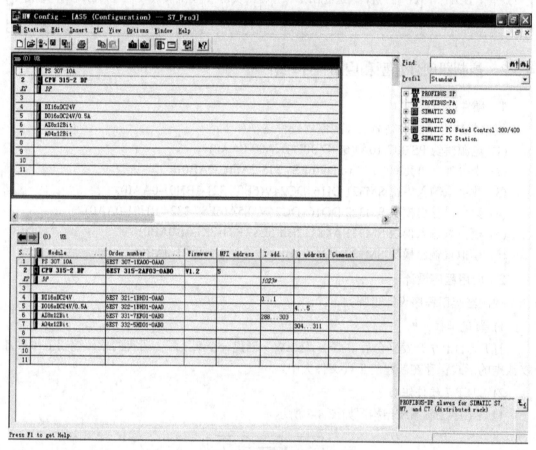

图 4-4　　硬件配置图

3) 建立符号表 Symbol

包装工序的符号表建立方法与之前的工序相同,留给读者自行练习建立符号表。

4) 编写程序

打开"S7 Program"文件夹下的"Blocks"子文件夹,在其中建立"OB1",如图 4-5 所示。

图 4-5　Blocks 示意图

5) 建立 DB 数据块

打开"S7 Program"文件夹下的"Blocks"子文件夹,在其中建立"DB1"模块。如图 4-6 所示。然后双击打开 DB1 进行设置,如图 4-7 所示。

图 4-6　Blocks 2 示意图

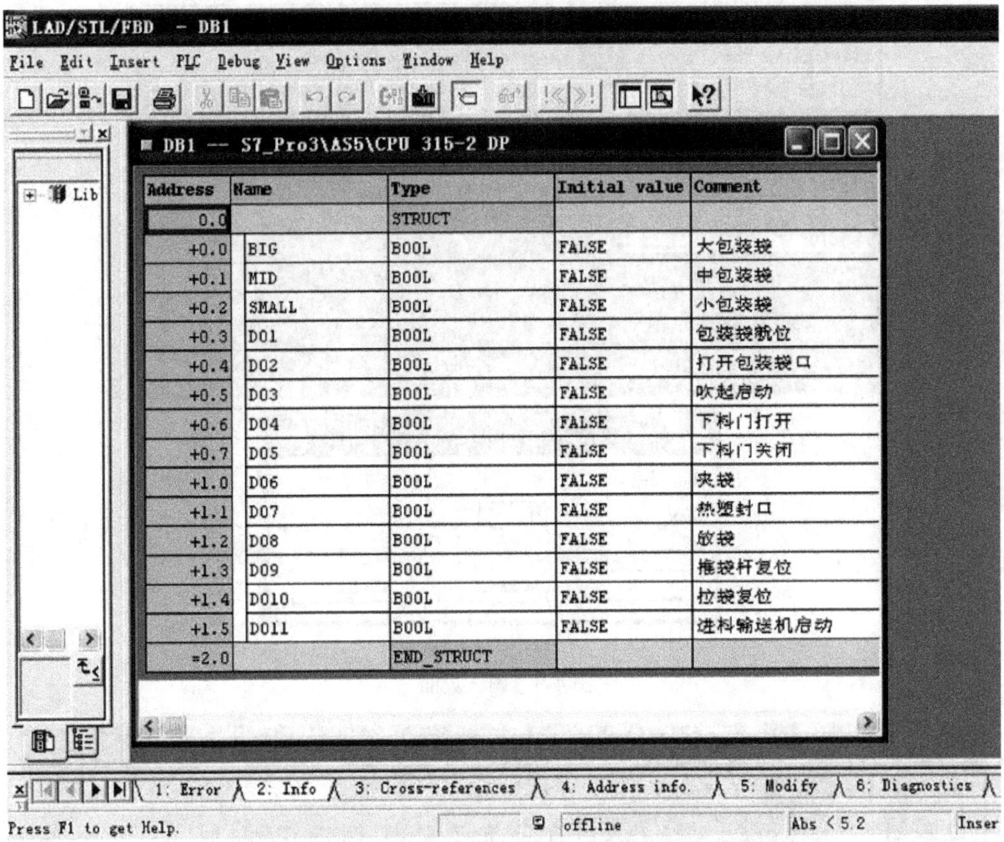

图 4-7　DB1 模块设置

6) 建立变量运行状态表

变量运行状态表的建立留给读者自行练习。

7) 程序下载和调试

在如图 4-7 所示的页面上,点击图 4-8 中的"调试"按钮(圈示),进入调试页面。如图 4-9 所示,点击菜单中的 PLC 选项中的"MPI Address"设置为 5。在如图 4-10 中选择菜单中的"Insert"选项,添加"Input Variable"和"Output Variable",效果如图 4-11 所示。点击图 4-12 中圈出来的按钮，对程序进行调试，效果如图 4-13 所示。在调试过程中若出现错误，则要检查程序是否出错。

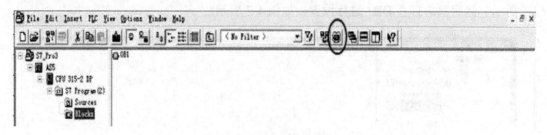

图 4-8　STEP 7 仿真调试按钮示意图

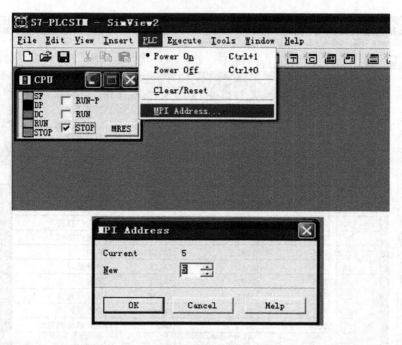

图 4-9　调试页面

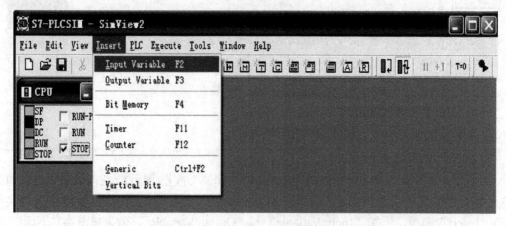

图 4-10　添加输入和输出变量

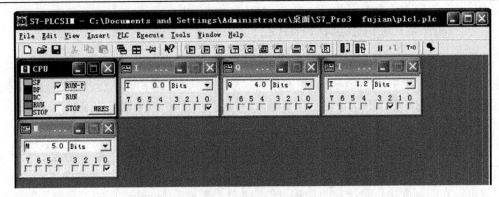

图 4-11 仿真信号测试输入

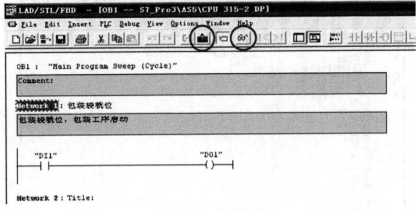

图 4-12 程序下载和调试

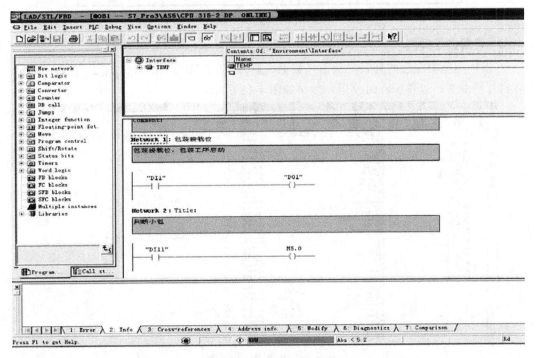

图 4-13 程序的调试画面

### 4.3.3　控制系统上位机组态软件编程

组态软件是指数据采集与过程控制的专用软件,它们是在自动控制系统监控层一级的软件平台和开发环境中,使用灵活的组态方式,为用户提供快速构建工业自动控制系统监控功能和通用层次的软件工具。下面使用组态软件对包装工序做一个动态的演示。

**1.建立画面**

双击该软件图标,打开组态软件工程管理器。单击"文件"菜单新建一个工程"baozhuang"。打开该新工程,在工程浏览器中双击"画面"新建一个新画面"bagging",然后就可以在新画面中进行上位机组态。图 4-14 就是新建好 bagging 后的工程浏览器界面。

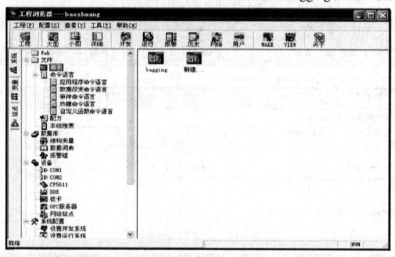

图 4-14　工程浏览器

**2.设置数据词典**

在工程浏览器左边的列表中双击"数据词典",创建 DH3、DO1、DO2、BIG、MID、SMALL 等变量,以备编程时使用,效果如图 4-15 所示。

图 4-15　数据词典的设置

### 3. 用户界面设计

打开新画面后，在画面中按照包装/称重工序的现场设备设计监控画面，如图 4-16 所示。其中很多元素需要设置属性。

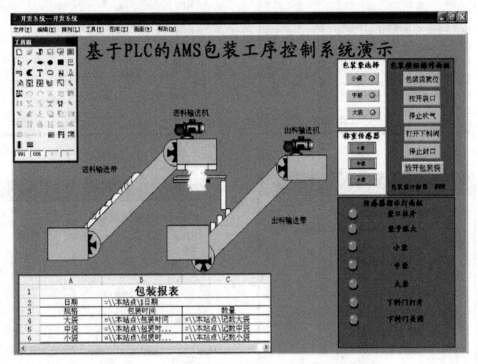

图 4-16　在"开发系统"界面上绘制工序演示画面

### 4. 属性设置

画面中的很多元素都需要进行属性设置，在这里，我们以包装模拟操作面板为例来说明设置的方法，其余参考即可。

包装模拟操作面板中有包装袋就位、拉开袋口、启动吹气、打开下料阀、加热封口、放开包装袋六个按钮和包装袋计数器这个动画连接七个模块，它们的设置分别如图 4-17～图 4-23 所示。

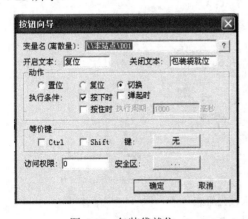

图 4-17　包装袋就位

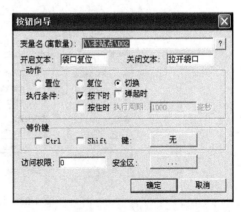

图 4-18　拉开袋口

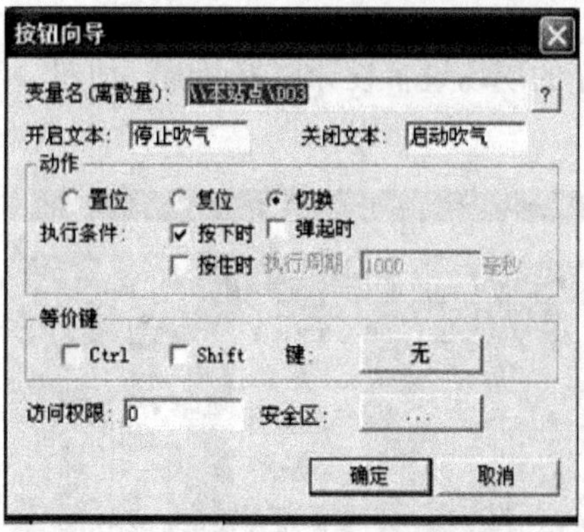

图 4-19 启动吹气　　　　　　　　　　　图 4-20 打开下料阀

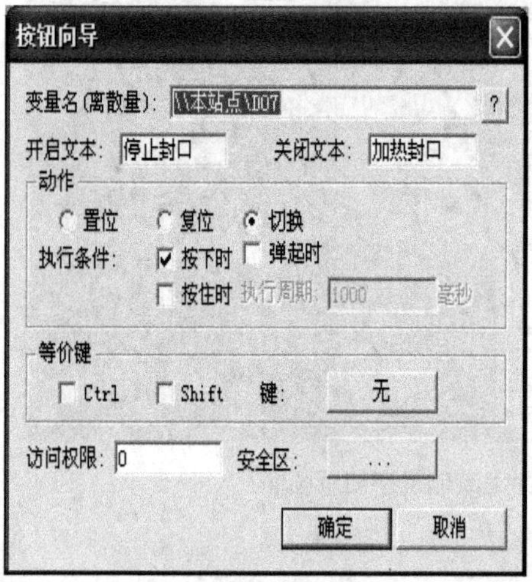

图 4-21 加热封口 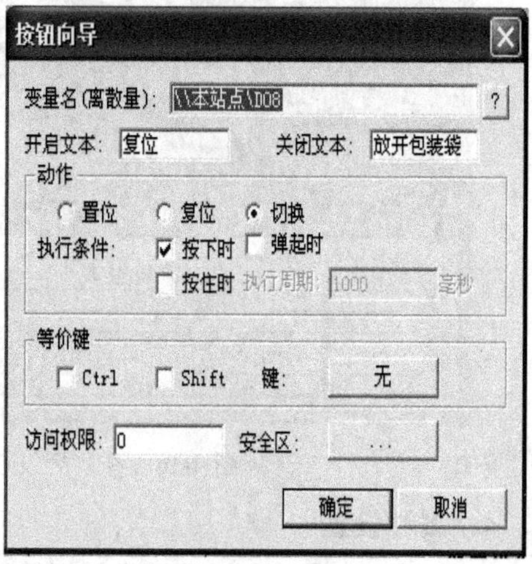　　　　　　　　　　　图 4-22 放开包装袋

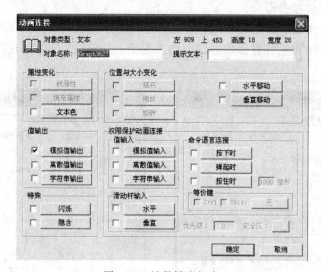

图 4-23 计数输出组态

图 4-23 中的"模拟值输出"中的设置如图 4-24 所示。

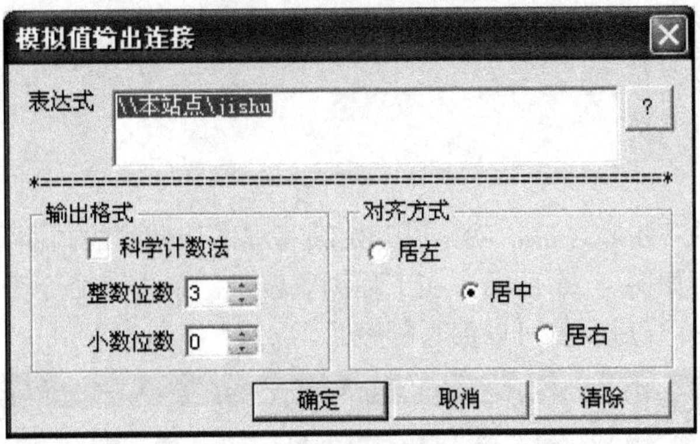

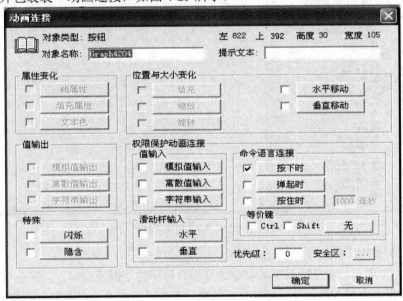

图 4-24　模拟值输出

注：为了实现每放开一个包装袋计数器就计数一次，在"放开包装袋"按钮上需要再做一个"放开包装袋"动画连接，如图 4-25 所示。

图 4-25　动画连接

然后在"按下时"命令语言连接里编写如下语句实现功能：

```
if(\\本站点\SMALL==1)
{\\本站点\记数小袋=\\本站点\记数小袋+1;\\本站点\包装时间小袋=\\本站点\$时间;}
if(\\本站点\MID==1)
{\\本站点\记数中袋=\\本站点\记数中袋+1;\\本站点\包装时间中袋=\\本站点\$时间;}
if(\\本站点\BIG==1)
{\\本站点\记数大袋=\\本站点\记数大袋+1;\\本站点\包装时间=\\本站点\$时间;}
//****************************************************//
\\本站点\jishu=\\本站点\jishu+1;
\\本站点\DO8=1;
\\本站点\称重大袋=0;
\\本站点\称重中袋=0;
```

```
\\本站点\称重小袋=0;
if(\\本站点\DO1==0)
{\\本站点\DO8=0;}
```

## 5. 编写程序

完成以上所述的各步骤之后，就可以开始编写程序让做好的画面"动"起来，实现包装工序的动态演示。如图 4-26 所示，在工程浏览器中，单击"命令语言"，选择"应用程序命令语言"，双击打开后，就可以编写程序了。

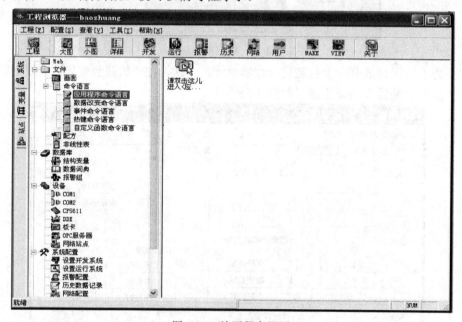

图 4-26　编写程序界面

## 6. 实时报表的创建

如图 4-27 所示，在开发系统界面中选择工具箱中的"报表窗口"，在空白处建立一个报表。单击报表中的灰色部分，可以打开报表工具箱；双击修改报表的行列数为 6 行 3 列。如图 4-27 所示，第一行合并列，写上"包装报表"。A2、A3、B3、C3 分别是变量名日期、规格、包装时间、数量，而 B2、A4、B4、C4 则是变量。在这里要特别注意的是，插入变量的时候"="绝对不能忘记！完成后的总画面如图 4-28 所示。

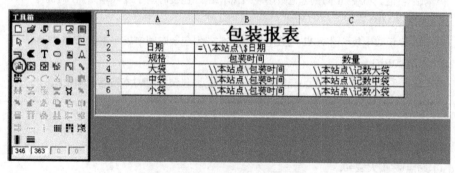

图 4-27　工具箱和报表新页面

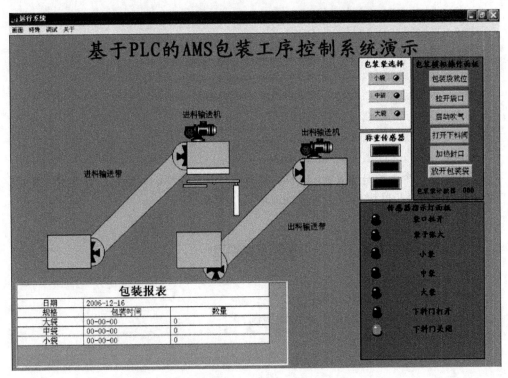

图 4-28　包装工序画面

## 7. 与 PLC 的连接

如图 4-29，在数据词典中新建几个变量，其中 DI、DO 都是 I/O 整型，连接设备为 S7-300 PLC，寄存器选择 DB1.0(这些都在新建板卡时设置)；因为数据类型 BYTE 是 8 位的，而创建的变量超过 8 个，所以再新建一个 DOSC 的 I/O 整型，连接设备为 S7-300 PLC，寄存器选择 DB1.1。

| DI | | I/O整型 | 49 | SIEMENS_PLC300 | DB1.0 |
|----|----|----|----|----|----|
| DO | | I/O整型 | 50 | SIEMENS_PLC300 | DB1.0 |
| DOSC | | I/O整型 | 51 | SIEMENS_PLC300 | DB1.1 |
| DO9 | 推袋杆复位 | 内存离散 | 52 | | |
| DO010 | 拉袋复位 | 内存离散 | 53 | | |
| 新建… | | | | | |

图 4-29　在数据词典中新建变量

完成设置后在"命令语言"选项中的"应用程序命令语言"中，给原有的程序后面添加如下程序：

\\本站点\BIG=Bit( \\本站点\DI, 1 );　　从变量 DI 的第一位得到变量 BIG 的状态

\\本站点\MID=Bit( \\本站点\DI, 2 );

\\本站点\SMALL=Bit( \\本站点\DI, 3 );

BitSet( \\本站点\DO, 4, \\本站点\DO1 );

BitSet( \\本站点\DO, 5, \\本站点\DO2 );

BitSet( \\本站点\DO, 6, \\本站点\DO3 );

```
BitSet( \\本站点\DO, 7, \\本站点\DO4 );
BitSet( \\本站点\DO, 8, \\本站点\DO5 );
BitSet( \\本站点\DOSC, 1, \\本站点\DO6 );
BitSet( \\本站点\DOSC, 2, \\本站点\DO7 );
BitSet( \\本站点\DOSC, 3, \\本站点\DO8 );
BitSet( \\本站点\DOSC, 6, \\本站点\DO11 );
BitSet( \\本站点\DOSC, 4, \\本站点\DO9 );
BitSet( \\本站点\DOSC, 5, \\本站点\DO10 )
```

这里用到的两个函数是 Bit(Var, bitNo )和 BitSet(Var, bitNo, OnOff ); Var 是整型或者"实型"变量。BitNo 是位的序号，在这里的取值为 1 到 8。

# 课后思考题

1. 如何完成高效的自动化包装控制？
2. 如何实现包装工序与存储工序协同控制？
3. 自动化存储的方式有哪些？
4. 预习五位三通电磁阀的动作原理。

# 项目五　自动化装运/储存工序控制系统设计

## 5.1　实训目的

(1) 了解 SIEMENS S7-300 硬件系统的组成。

(2) 熟悉 SIEMENS STEP 7 的应用方法。

(3) 理解自动化储存工序的自动化控制要求，并能够使用梯形图语言设计软件控制装运设备。

(4) 能使用 Visio 设计软件完成控制系统的电气原理图、信号接线图、控制逻辑图、控制回路图等设计图纸的绘制。

(5) 能完成储存工序电气设备的试运转、信号的采集与控制。

(6) 能利用组态工具设计实时数据库及运行报表。

(7) 能使用组态软件完成控制组态和上位机组态的软件设计。

(8) 熟悉计算机控制系统的组成原理、可编程控制器和工业自动化监控组态软件的应用技术。

## 5.2　实训原理

### 5.2.1　储存工序的工艺概述

实验装置的储存工序部分如图 5-1 所示，可实现物料的分类存储。储存工序主要由 6 个可移动包装储存箱以及相应的输送装置组成。

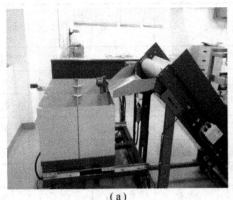
（a）

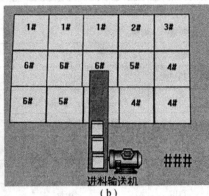
（b）

图 5-1　储存工序图

该实验装置的存储工序具有如下功能：

(1) 通过包装箱的移动可实现按物料的规格对其进行分类存储的目的；

(2) 可判断包装箱是否装满；

(3) 可实现进料工序安全报警与联锁控制功能。

### 5.2.2 储存工序的控制要求

包装袋进来，首先判断其规格，如果是大号包装袋，则其相应的货柜储存位置是 1#大号包装箱 BOX1，PLC 程序设计地址为 DI1：(1,1)，然后判断 BOX1 是否满，没满则放进 BOX1，已满则进入 2#大号包装箱，PLC 程序设计地址为 DI2：(2，1)BOX2；如果是中号包装袋，则其相应的货柜储存位置是 3#中号包装箱 BOX3，PLC 程序设计地址为 DI3：(3,1)，然后判断 BOX3 是否满，没满则放进 BOX3，已满则进入 4#中号包装箱 BOX4，PLC 程序设计地址为 DI4：(3,2)；如果是小号包装袋，则其相应的货柜储存位置是 5# 小号包装箱 BOX5，PLC 程序设计地址为 DI5：(2,2)，然后判断 BOX5 是否满，没满则放进 BOX5，已满则进入 6#小号包装箱 BOX6，PLC 程序设计地址为 DI6：(1,2)。放入包装箱的操作采用启动进料输送机的方法，PLC 程序设计地址为 DO7；移动包装箱的操作采用启动电磁阀控制气缸的方法，PLC 程序设计地址为 DO1～DO4。

在操作过程中，程序自动判断是否存在故障，故障包括光电防护报警信号，若存在故障，则紧急停止程序运行。

# 5.3　实　训　内　容

### 5.3.1　控制功能设计说明及流程图

#### 1. 功能设计说明

自动化储存工序控制系统数字量信号统计表如表 5-1 所示。

表 5-1　自动化储存工序控制系统数字量信号统计表

| 序号 | I/O 位号名称 | 说　　明 | 正常状态 | 信号类型 | 点连接项 | I/O 类型 |
|---|---|---|---|---|---|---|
| 1 | DI1 | (1,1)仓储 1 大包装袋的位置 | 关闭 | 干接点 | AS | 输入 |
| 2 | DI2 | (1,2)仓储 2 大包装袋的位置 | 关闭 | 干接点 | I0.1 | 输入 |
| 3 | DI3 | (1,3)仓储 3 中包装袋的位置 | 关闭 | 干接点 | I0.2 | 输入 |
| 4 | DI4 | (2,1)仓储 4 中包装袋的位置 | 关闭 | 干接点 | I0.3 | 输入 |
| 5 | DI5 | (2,2)仓储 5 小包装袋的位置 | 关闭 | 干接点 | I0.4 | 输入 |
| 6 | DI6 | (2,3)仓储 6 小包装袋的位置 | 关闭 | 干接点 | I0.5 | 输入 |
| 7 | DI7 | 仓满 | 关闭 | 干接点 | I0.6 | 输入 |
| 8 | DI8 | 防护 | 关闭 | 干接点 | I0.7 | 输入 |

| 序号 | I/O位号<br>名称 | 说　明 | 正常状态 | 信号类型 | 点连接项 | I/O类型 |
|---|---|---|---|---|---|---|
| 9 | DO1 | DOX | 关闭 | 干接点 | Q4.0 | 输入 |
| 10 | DO2 | DOXF | 关闭 | 干接点 | Q4.1 | 输入 |
| 11 | DO3 | DOY | 关闭 | 干接点 | Q4.2 | 输入 |
| 12 | DO4 | DOYF | 关闭 | 干接点 | Q4.3 | 输入 |
| 13 | DO7 | 储存工序进料输送机启动 | 关闭 | 干接点 | Q5.0 | 输入 |
| 14 | DO8 | 防护报警 | 关闭 | 干接点 | Q4.6 | 输入 |
| 15 | DO9 | 紧急停止 | 关闭 | 干接点 | Q4.7 | 输入 |

### 2. 自动化装运/储存工序控制程序流程图

根据 5.2.2 储存工序的控制要求，来设置装运/储存工序和控制程序流程，如图 5-2 所示。

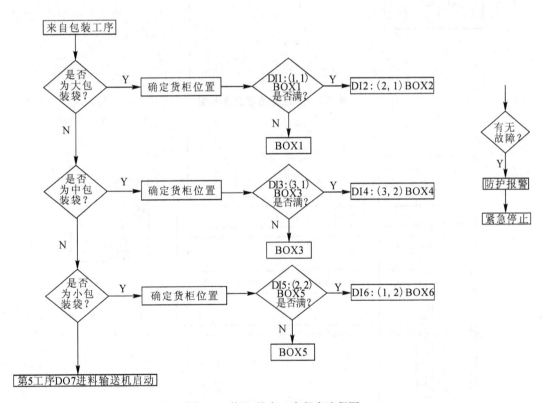

图 5-2　装运/储存工序程序流程图

## 5.3.2　控制器硬件设计

储存工序的硬件设计与进料工序基本类似，以下给出了部分模块的接线设计图。

### 1. 数字量的输入/输出接线图设计

依据本工序的控制要求和 PLC 信号 I/O 表，设计数字量模块的输入/输出接线图，参见图 5-3、图 5-4。

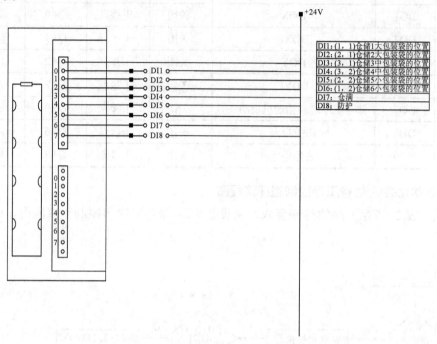

图 5-3　SM321 数字量输入图

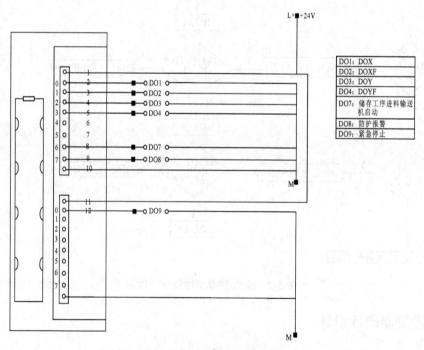

图 5-4　SM322 数字量输出图

## 2．现场信号端子接线图设计

图 5-5 是 JB7B～JB7F 现场信号端子接线图。

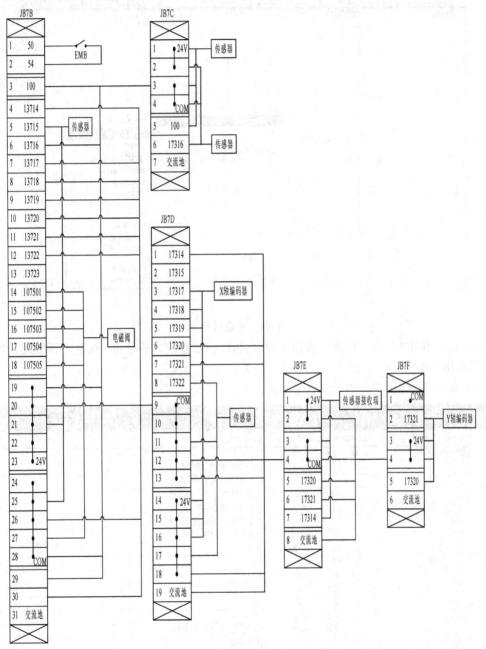

图 5-5　现场信号端子接线图

## 5.3.3　控制器应用程序设计

控制器应用程序设计步骤如下：

(1) 新建工程，如图 5-6 所示。

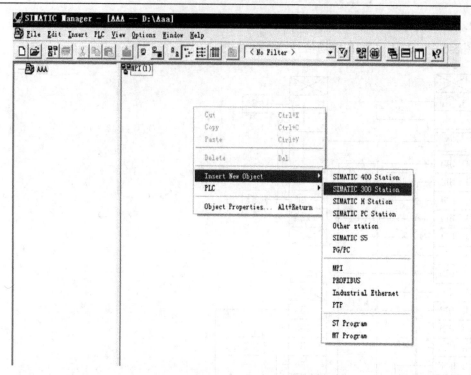

图 5-6　新建项目

(2) 存储 STEP 7 硬件组态。存储工序硬件组态与之前工序相同，这里不再赘述，参见其他章节相应部分。

(3) 建立 Symbol 符号表，如图 5-7 所示。

| | Status | Symbol | | Address | | Data type | Comment |
|---|---|---|---|---|---|---|---|
| 1 | | BIG | Q | 4.4 | | BOOL | 大 |
| 2 | | DI1 | I | 0.0 | | BOOL | (1,1)仓储1大包装袋的位置 |
| 3 | | DI2 | I | 0.1 | | BOOL | (2,1)仓储2大包装袋的位置 |
| 4 | | DI3 | I | 0.2 | | BOOL | (3,1)仓储3中包装袋的位置 |
| 5 | | DI4 | I | 0.3 | | BOOL | (3,2)仓储4中包装袋的位置 |
| 6 | | DI5 | I | 0.4 | | BOOL | (2,2)仓储5小包装袋的位置 |
| 7 | | DI6 | I | 0.5 | | BOOL | (1,2)仓储6小包装袋的位置 |
| 8 | | DI7 | I | 0.6 | | BOOL | 仓满 |
| 9 | | DI8 | I | 0.7 | | BOOL | 防护 |
| 10 | | DO1 | Q | 4.0 | | BOOL | DOX |
| 11 | | DO2 | Q | 4.1 | | BOOL | DOXF |
| 12 | | DO3 | Q | 4.2 | | BOOL | DOY |
| 13 | | DO4 | Q | 4.3 | | BOOL | DOYF |
| 14 | | DO7 | Q | 5.0 | | BOOL | 储存工序进料输送机启动 |
| 15 | | DO8 | Q | 4.6 | | BOOL | 防护报警 |
| 16 | | DO9 | Q | 4.7 | | BOOL | 紧急停止 |
| 17 | | MID | Q | 4.5 | | BOOL | 中 |
| 18 | | SMALL | Q | 5.1 | | BOOL | 小 |
| 19 | | | | | | | |

图 5-7　符号表

(4) 创建模块，如图 5-8、5-9 所示。

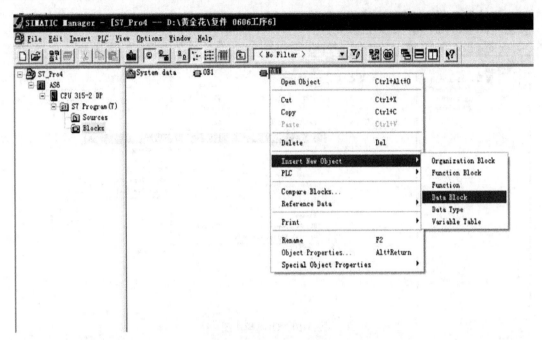

图 5-8　创建 DB1 模块

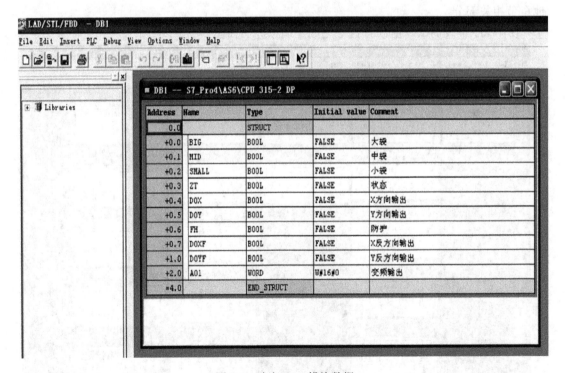

图 5-9　建立 DB1 模块数据

　　打开"S7 Program"文件夹下的"Blocks"文件夹，在其中建立"OB1"程序块，在"OB1"中存放主程序，如图 5-10 所示。

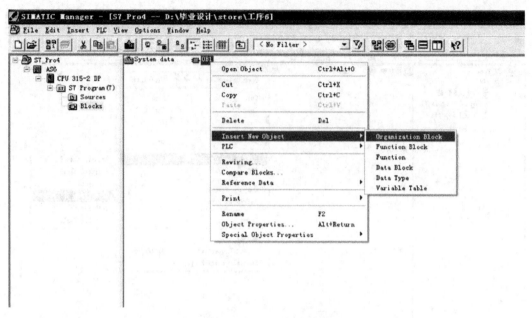

图 5-10　OB1 模块图

(5) 建立变量运行状态表。存储工序的变量运行状态表建立与其他工序类似，参见其他章节相关部分。

(6) 程序下载调试。由读者自行完成，调试界面如图 5-11 所示。

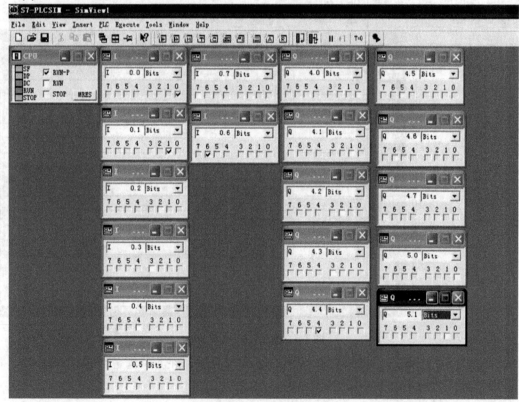

图 5-11　程序调试图

### 5.3.4 控制系统上位机组态软件编程

为了更好地对本工序的工作情况进行监视和控制，也为了简化操作人员的监控，这里使用了组态软件。完成控制组态后，就可以在与 PLC 相连接的电脑上用组态软件对本工序进行监视和控制了。具体步骤如下。

#### 1. 建立工程

首先双击组态软件图标，选择"文件"→"新建工程"命令，建立一个名为"aaa"的工程，在新建工程的数据词典里建立所用到的变量名，如图 5-12 所示。

在数据词典里添加 X、Y、start、DH、ZT、防护等在组态软件编程中所用到的变量，如图 5-13 所示。

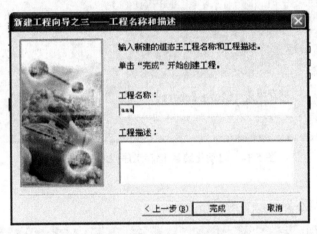

图 5-12　新建工程图

图 5-13　数据词典

　　由于上位机与 PLC 控制器实时通讯，因此先要在组态软件中设置板卡组态，这里选择的是西门子公司的 SIEMENS S7-300。在设置好变量名后打开开发系统，使用菜单栏里的工具和图库对所要实现的功能进行编辑，如图 5-14 所示。

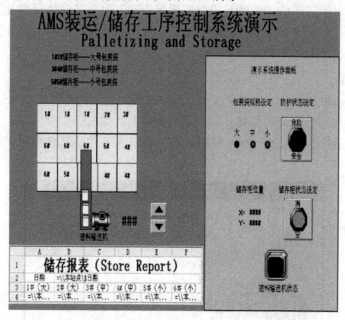

图 5-14　自动化装运/储存工序控制系统演示图

**2. 设置参数**

(1) 变量定义组态界面，如图 5-15 所示。

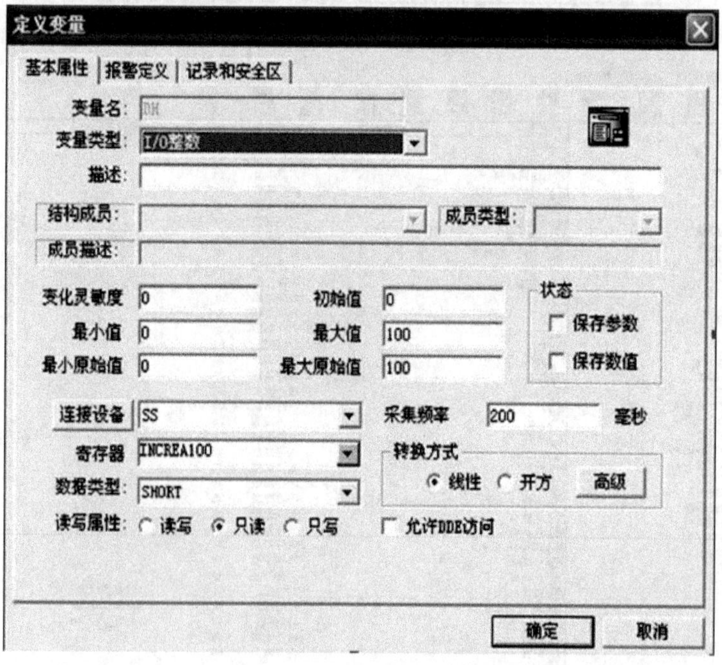

图 5-15　变量定义组态界面

(2) 防护状态设定，如图 5-16 所示。

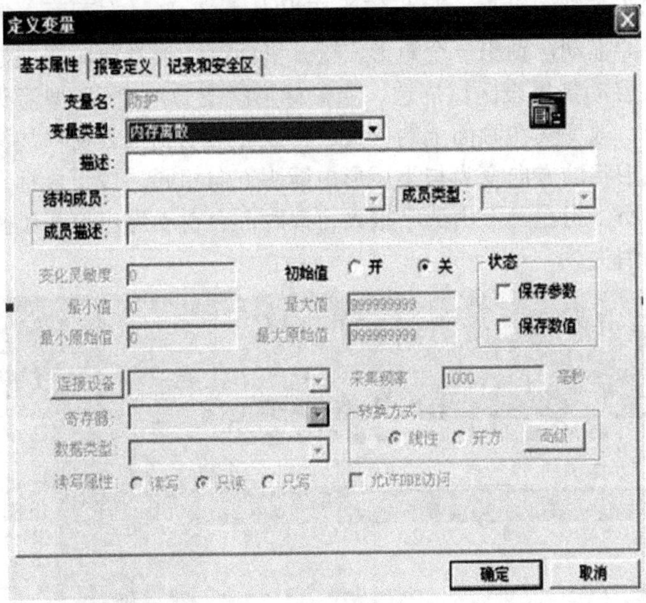

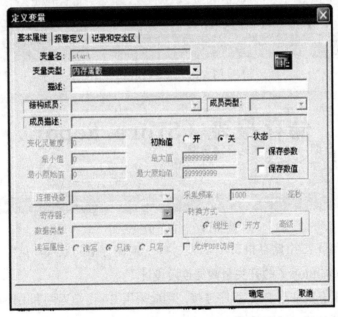

图 5-16 防护状态设定图

(3) 进料输送机状态设定，如图 5-17 所示。

图 5-17　进料输送机状态设定图

### 3. 创建报表

数据报表可以反映生产过程中的实时数据，是对数据进行记录的一种重要形式，是生产过程中必不可少的一部分。它既能反映系统实时的生产情况，也能对长期的生产过程进行统计、分析，使管理人员能够实时掌握和分析生产情况。

进入组态软件开发系统，创建一个新的画面，在组态软件工具箱的按钮中，用鼠标左键单击"报表窗口"按钮，此时，鼠标箭头变为小"+"形，在画面上需要加入报表的位置按下鼠标左键，并拖动，画出一个矩形，松开鼠标键，报表窗口即创建成功，如图 5-18所示。将鼠标箭头移动到报表区域周边，当鼠标形状变为双"+"型箭头时，按下左键，即可拖动表格窗口，改变其在画面上的位置。将鼠标移动到报表窗口边缘带箭头的小矩形上，这时鼠标箭头形状的方向变为与小矩形内箭头方向相同，按下鼠标左键并拖动，可以改变报表窗口的大小。当在画面中选中报表窗口时，会自动弹出报表工具箱，不选择时，报表工具箱将自动消失。

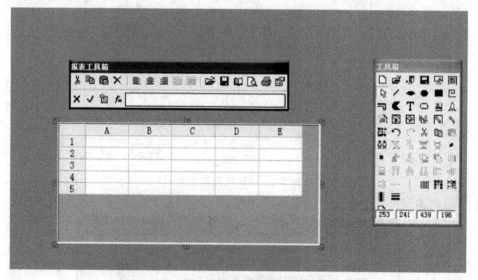

图 5-18　报表创建图

| | A | B | C | D | E | F |
|---|---|---|---|---|---|---|
| 1 | 储存报表（Store Report） | | | | | |
| 2 | 日期 | =\\本站点\$日期 | | | | |
| 3 | 1#（大） | 2#（大） | 3#（中） | 4#（中） | 5#（小） | 6#（小） |
| 4 | =\\本... | =\\本... | =\\本... | =\\本... | =\\本... | =\\本... |

图 5-19　创建好的报表图

在报表中设置报表名(储存报表)、日期、1#～6# 储存柜的数量，见图 5-19。

### 4．kingView 与 step 7 的开关量数据连接设计

因为需要将组态软件与 PLC 程序连接，因此采用 Bit 函数返回和 BitSet 函数返回。

### 5．Bit 函数及 BitSet 函数介绍

(1) Bit 函数。

此函数用于取得一个整型或实型变量某一位的值。

使用格式：OnOff = Bit(Var , bitNo)。

参数及其描述：Var 为整型或实型变量；bitNo 为位的序号，取值为 1 到 16。

返回值：若变量 Var 的第 bitNo 位为 0，则返回值 OnOff 为 0；若变量 Var 的第 bitNo 位为 1，则返回值 OnOff 为 1。

例：开关 = Bit(DDE1, 6)；表示从变量 DDE1 的第 6 位可得到变量"开关"状态。

(2) BitSet 函数。

此函数将一个整型或实型变量的某一位设置为指定值。

使用格式：BitSet(Var, bitNo, OnOff)。

参数及其描述：Var 为整型或实型变量；bitNo 为位的序号，取值为 1 到 16。

返回值：若变量 Var 的第 bitNo 位为 0，则返回值 OnOff 为 0；若变量 Var 的第 bitNo 位为 1，则返回值 OnOff 为 1。

例：开关 = BitSet(DDE1, 6)；表示从变量 DDE1 的第 6 位得到变量"开关"状态。

### 6. 开关量数据连接设计

开关量数据连接由以下程序进行设置：

\\本站点\BIG = Bit( \\本站点\DI, 1 )；从变量 DI 的第 1 位得到变量"BIG"状态。

\\本站点\MID = Bit( \\本站点\DI, 2 )；从变量 DI 的第 2 位得到变量"MID"状态。

\\本站点\SMALL = Bit( \\本站点\DI, 3 )；从变量 DI 的第 3 位得到变量"SMALL"状态。

\\本站点\ZT = Bit( \\本站点\DI, 4 )；从变量 DI 的第 4 位得到变量"ZT"状态。

\\本站点\防护 = Bit( \\本站点\DI, 7)；从变量 DI 的第 7 位得到变量"防护"状态。

BitSet( \\本站点\DO, 5, \\本站点\DOX )；从变量 DO 的第 5 位得到变量"DOX"状态。

BitSet( \\本站点\DO, 6, \\本站点\DOY )；从变量 DO 的第 6 位得到变量"DOY"状态。

BitSet( \\本站点\DO, 8, \\本站点\DOXF )；从变量 DO 的第 8 位得到变量"DOXF"状态。

BitSet(\\本站点\DO1, 1, \\本站点\DOYF )；从变量 DO1 的第 1 位得到变量"DOYF"状态。

# 课后思考题

1. 电气信号转换时需要注意哪些问题？

2. 如何计算气缸的推力？

3. 现代化企业先进制造的自动化、智能化技术的要求有哪些？

# 第二部分

# 柔性制造系统自动化设计与实践

## 概述二　柔性制造系统简介

### 一、项目简介

现代化工业企业中，完整的工厂自动化方案通常包含企业资源计划(Enterprise Resources Planning，ERP)、制造执行系统(Manufacturing Execution System，MES)和柔性制造系统 (Flexible Manufacturing System，FMS)。ERP、MES 和 FMS 三者间的关系如图 G2-1 所示。

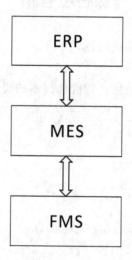

图 G2-1　ERP、MES 和 FMS 的关系图

ERP 是在企业物料需求计划和制造资源计划的基础上发展起来的管理理念和软件工具。MES 是美国管理界 1990 年提出的新概念，MESA(MES 国际联合会)对 MES 的定义是：

MES 能通过信息传递对从订单下达到产品完成的整个生产过程进行优化管理。当车间发生实时事件时，MES 能对此及时做出反应、报告，并用当前的准确数据对它们进行指导和处理。FMS 是一组包含数控机床和其他自动化技术的工艺设备，是计算机信息控制系统和物料自动储运系统有机结合的一个整体。柔性制造系统由加工、物流、信息流三个子系统组成，在加工自动化的基础上实现物料流和信息流的自动化。

柔性制造系统(FMS)的柔性概念通常可以表述如下：

(1) 生产能力的柔性反应能力，也就是机器设备的小批量生产能力；

(2) 供应链敏捷和精准的反应能力。

柔性制造系统(FMS)的基本特征有：

(1) 机器柔性，系统的机器设备具有随产品的变化而加工不同零件的能力；

(2) 工艺柔性，系统能够根据加工对象的变化或原材料的变化而确定相应的工艺流程；

(3) 产品柔性，产品更新或完全转向后，系统不仅对老产品的有用特性有继承能力和兼容能力，而且还具有迅速、经济地生产出新产品的能力；

(4) 生产能力柔性，当生产量改变时，系统能及时做出反应而保证系统经济地运行；

(5) 维护柔性，系统能采用多种方式查询、处理故障，保障生产正常进行；

(6) 扩展柔性，当生产需要的时候，可以很容易地扩展系统结构，增加模块，构成一个更大的制造系统。

本书的柔性制造实验系统主要由如图 G2-2 所示的几个单元组成。

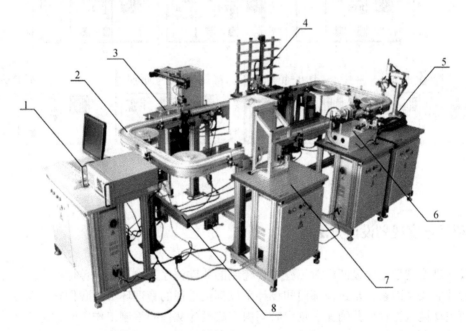

1—总控控制台；2—工业特种环行线系统单元；3—热处理系统单元；4—立体仓库系统单元；
5—可转位机械手搬运系统单元；6—自夹紧车削加工系统单元；
7—视觉检测系统单元；8—桥架系统单元；

图 G2-2　柔性制造实验系统的总体结构图

图 G2-2 是柔性制造实验系统总体结构图，其自动控制工作站分为 1 个主站(master station)，5 个从站(slave station)，具体如表 G2-1 所示，控制站网络拓扑图如图 G2-3 所示。

表 G2-1 自动控制工作站设置表

| 工序号 | 工序名称 | 控制站号 |
| --- | --- | --- |
|  | 工业特种环行线系统单元 | 1 |
| 1 | 自动化立体仓库单元 | 2 |
| 2 | 机械手搬运系统单元 | 3 |
| 3 | 车削加工系统单元 | 4 |
| 4 | 视觉检测系统单元 | 5 |
| 5 | 热处理系统单元 | 6 |

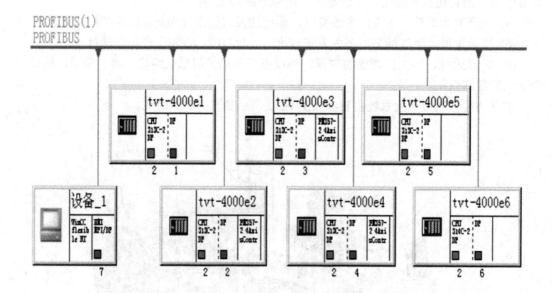

图 G2-3 控制站网络拓扑图

## 二、项目进度规划设计方法

设计进度规划是建设部门对工程建设控制的关键程序，也是设计单位提高工作效率和项目管理的关键因素；是建设部门和设计单位都很重视的管理环节。我们在日常工作管理中如何主动地进行管理并确保在规定时间内完成设计文件的编制工作，制定适合的设计进度计划及控制设计进度的措施尤为关键。本小节将介绍如何使用 Microsoft Office Project 软件工具进行工程项目设计进度规划。

(1) 打开 Microsoft Office Project 软件，双击空白格，即可添加任务，填写整个项目名称，计划模式选择自动计划，如图 G2-4 所示。

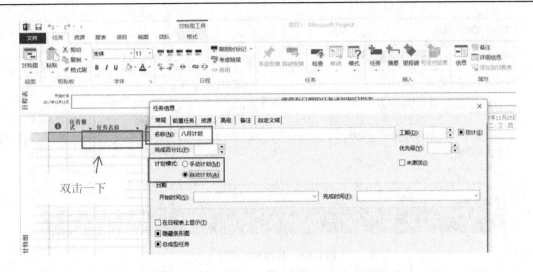

图 G2-4　Microsoft Office Project 软件界面

(2) 添加任务。添加一个下一级任务，选中这个任务后，单击降级任务按钮，就添加为整个项目的子任务了。子任务也有平级，直接在后面进行添加，就直接成为了整个项目的子任务了，如图 G2-5 所示。

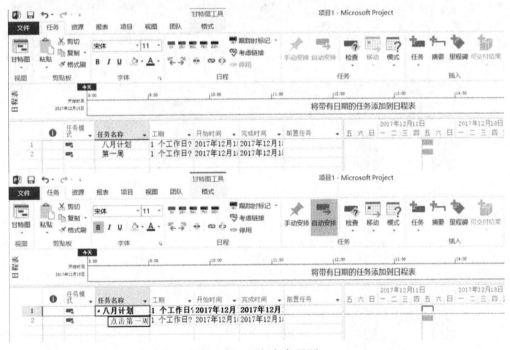

图 G2-5　添加任务界面

(3) 修改时间表。双击时间表，进行时间调整，可根据所需开始时间进行更改，如图 G2-6 所示。

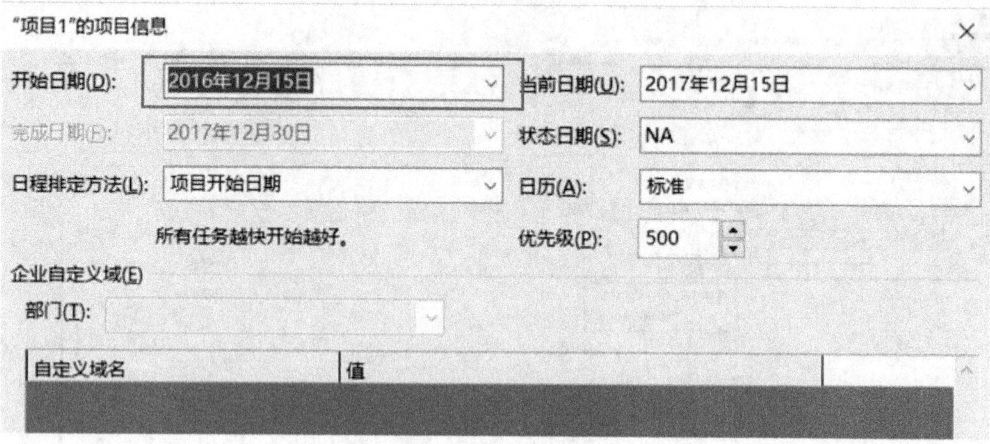

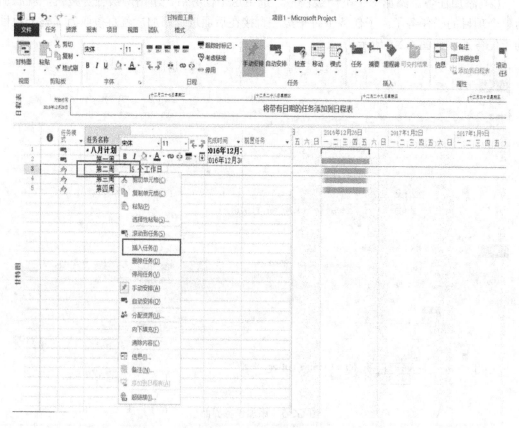

图 G2-6　修改时间表界面

（4）插入任务。在需要插入任务的下一行点击插入任务，就可以编写新的任务了。同样地，这个任务也可以作为前一任务的下级任务，如图 G2-7 所示。

图 G2-7　插入任务界面

（5）工期设置。对于细分至最小的任务一定要记得手动填写工期，如图 G2-8 所示。

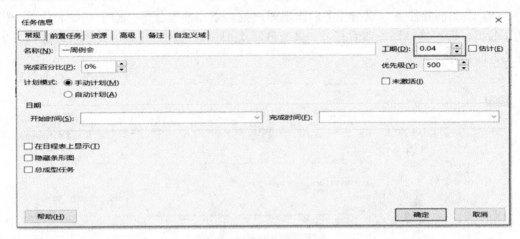

图 G2-8　工期设置界面

(6) 添加备注。双击任务后出现弹出框，点击备注，即可在文字区域输入备注文字，如图 G2-9 所示。

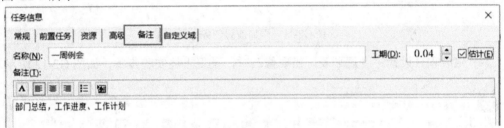

图 G2-9　添加备注界面

(7) 添加里程碑。双击任务后出现弹出框，点击"高级"，即可看到左下角有一个勾选项"标记为里程碑"，根据需求勾选，如图 G2-10 所示，若标记为里程碑则标记会有不同，注意检查自己是否已经标记成功。

图 G2-10　添加里程碑界面

(8) 添加前置任务。双击任务后出现弹出框，点击前置任务，点击任务名称下一栏的下拉框，即可选择添加前置任务，共有四种类型可以选择，延隔时间也可以选择，如图 G2-11 所示。

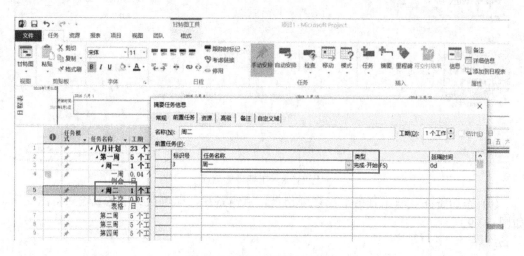

图 G2-11　添加前置任务界面

(9) 生成项目设计进度规划表，需要修改时，重复上述实验步骤，如图 G2-12 所示。

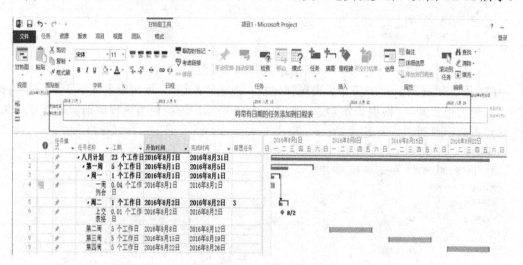

图 G2-12　生成项目设计进度规划表

## 三、控制系统的控制逻辑流程图设计

本项目采用 Microsoft Office Visio 进行控制系统的控制逻辑流程图的设计工作。本节将举例说明该软件工具的使用说明。详细使用方法请参考相关书籍和操作教程。

(1) 以 Microsoft Office Visio 2013 软件为例，首先需要在电脑上下载并安装该软件，然后打开该软件，在软件模板里可以找到基本流程图模板，如图 G2-13 所示。

图 G2-13　基本流程图模板界面

(2) 点击基本流程图模板，进入创建界面，点击【创建】按钮，可直接创建一个基本流程图绘制界面，左侧形状列表里会有绘制流程图时常用的形状，如图 G2-14 所示。

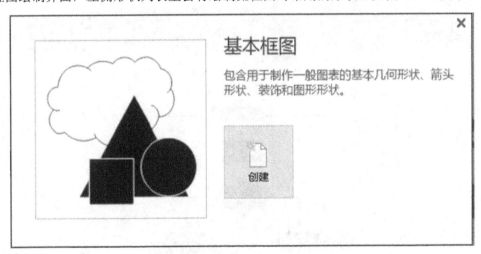

图 G2-14　创建流程图常用的形状界面

也可以自主设计不同风格的流程图，绘图元素可从界面左下角选取。

(3) 可以将左侧的形状拖到右侧的绘图区域内，并将图形进行规格的排列，如图 G2-15 所示。

（4）比如我们要绘制一张请假流程图，接下来就要将该流程图需要的形状都拖拉到绘图区域内的合适位置，并更改形状的名称，如图 G2-16 所示。

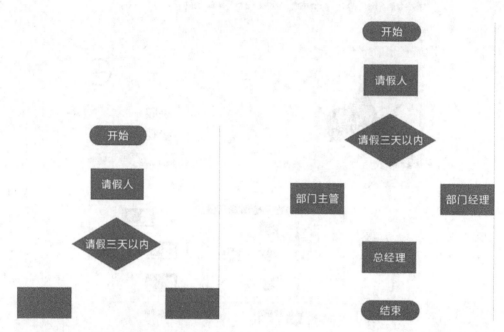

图 G2-15　图形元素规格排列　　　　　　图 G2-16　流程图更改形状名称

（5）流程图的基本模块添加完毕之后，再来添加模块之间的连接线，可使用 Visio 软件开始菜单里的"连接线"功能添加连接线，如图 G2-17 所示。

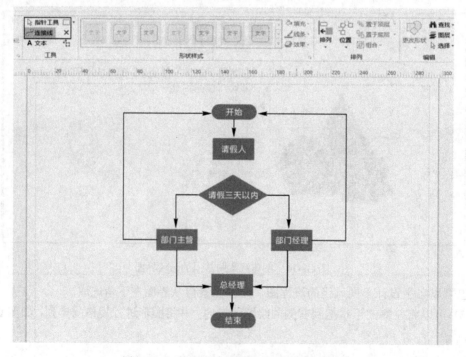

图 G2-17　使用"连接线功能"添加连接线

(6) 最后使用 Visio 软件开始菜单里的"文字"功能在判定模块里添加上判定命令。经过以上操作，一张简单的流程图就绘制完成了，如图 G2-18 所示。

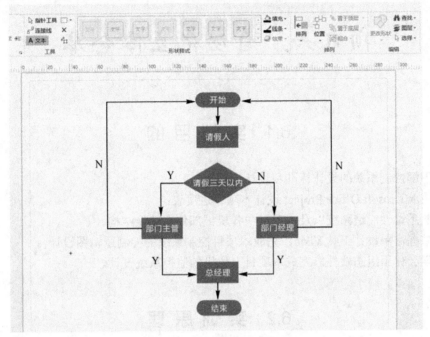

图 G2-18 生成的流程图界面

# 项目六　自动化立体仓库

## 6.1　实训目的

(1) 了解控制系统的设计标准和设计流程；
(2) 用 Microsoft Office Project 设计本项目进度表；
(3) 熟悉柔性制造系统以及本项目中各机械部件的功能结构。
(4) 掌握常用设计工具 Visio，完成本项目控制系统的控制逻辑图设计；
(5) 学会使用组态软件，完成本项目上位机的监控系统设计。

## 6.2　实训原理

### 6.2.1　自动化立体仓库简介

自动化立体仓库一般是指采用几层、十几层乃至几十层高的货架储存货物，并且用专门的仓储作业设备进行货物出库或入库作业的仓库。由于这类仓库能充分利用空间进行储存，所以形象地称为"立体仓库"，现场布置如图 6-1 和 6-2 所示。

图 6-1　立体仓库现场布置图(一)

图 6-2　立体仓库现场布置图(二)

自动化立体仓库采用自动化存储系统(Automated Storage and Retrieval System，AS/RS)，由高层货架(High Level Rack)、巷道堆垛起重机(Stacker Crane)、出入库输送机系统(Output/Input Conveyor)、自动化控制系统(Automatic Control System)、计算机仓库管理系统(Warehouse Management System)及周边设备(Peripheral Equipment)组成，是一个可实现对集装单元货物自动化保管和计算机管理的仓库。

自动化立体仓库是物流仓储中出现的新概念，高层合理化，存取自动化，操作简便化。自动化立体仓库的货架是钢结构或钢筋混凝土结构的建筑物或结构体，货架内是标准尺寸的货位空间，巷道堆垛起重机穿行于货架之间的巷道中，完成存、取货的工作。自动化立体仓库的机械组成部分如图 6-3 所示。

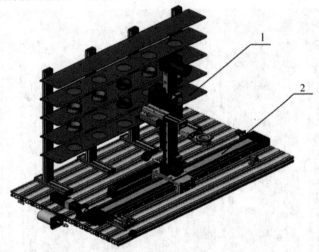

1—立体仓库；2—巷式起重机

图 6-3　自动化立体仓库机械组成部分

## 6.2.2 立体仓库实验装置

立体仓库实验装置包括：库体工件、货物储备台、型材底座以及立体仓库型材基体。该装置的功能主要是模拟实现货物的存储，如图6-4所示。

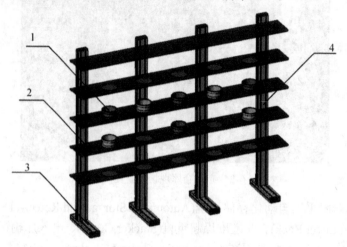

1—库体工件；2—货物储备台；3—型材底座；4—立体仓库型材基体

图6-4　立体仓库实验装置

目前，立体仓库的应用非常广泛。图6-5所示的青岛海尔集团国际物流中心立体仓库是一个技术水平世界领先的物流中心。该立体仓库高22米，全部操作采用世界上最先进的激光导引无人运输车系统，实现了物流的自动化和智能化，使海尔集团库存资金占用从每年15亿元降至6亿元，杜绝了呆滞物资的产生。

图6-5　青岛海尔集团国际物流中心立体仓库

### 1. 立体仓库的控制要求

通过巷式起重机(5-2)把环行线的立体仓库存取料工位上的货物通过取料气缸(5-2-7)、旋转气缸(5-2-8)将货物放入立体仓库(5-1)中。立体仓库主要是实现成品、半成品的自动存取，如图 6-6 和图 6-7 所示。

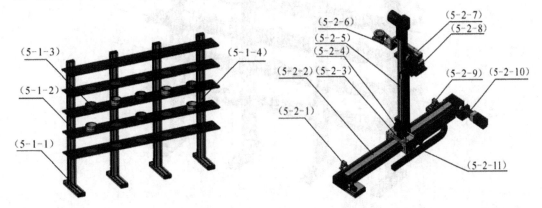

(5-1-1)—型材底座；(5-1-2)—货物储备台；
(5-1-3)库体工件；(5-1-4)—立体仓库型材基体；

(5-2-1)—X 轴左限位传感器；(5-2-2)—X 轴型材基体；
(5-2-3)—滑道底座；(5-2-4)—电磁制动器；
(5-2-5)—Y 轴型材基体；(5-2-6)—V 型平行夹；
(5-2-7)—取料气缸；(5-2-8)—旋转气缸；
(5-2-9)—X 轴右限位传感器；
(5-2-10)—伺服电机；(5-2-11)—拖链

图 6-6　立体仓库(5-1)　　　　　　　　　图 6-7　巷式起重机(5-2)

### 2. 立体仓库的控制要点

- 首先设定货物存取位置；
- 本系统共 20 个货位(见图 6-8)，可分为原料区和成品区；
- 可设置 1#～10# 为原料区，11#～20# 为成品区；
- 设计仓库序号与巷式起重机定位坐标的对应关系(见图 6-9)。

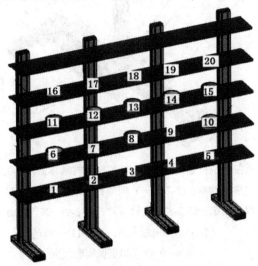

图 6-8　立体仓库的库号设置

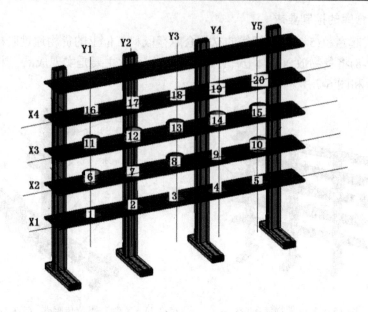

图 6-9　仓库序号与巷式起重机定位坐标的对应关系

### 6.2.3　巷式起重机实验装置

巷式起重机实验装置如图 6-10 所示。

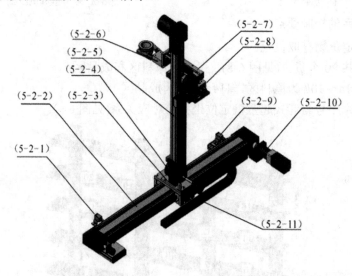

(5-2-1)—X 轴左限位传感器；(5-2-2)—X 轴型材基体；(5-2-3)—滑道底座；

(5-2-4)—电磁制动器；(5-2-5)—Y 轴型材基体；(5-2-6)—V 型平行夹；

(5-2-7)—取料气缸；(5-2-8)—旋转气缸；(5-2-9)—X 轴右限位传感器；

(5-2-10)—伺服电机；(5-2-11)—拖链

图 6-10 巷式起重机实验装置

巷式起重机的主要功能是实现货物在仓库内的自动存取、外围工作栈中货物的交换等。图 6-11 为工业现场使用的一种巷式起重机。

图 6-11　巷式起重机实物图

## 6.2.4　传感器选型与状态信号连接

### 1. 传感器选型

不同的传感器特点不同，如下所述：

- 限位传感器：采用 OMRON(欧姆龙)接近开关，如图 6-12 所示。

图 6-12　接近开关外形图

- 进料小车到位和小车上有/无料检测传感：SUNX(日本神视)微型光电传感器。
- 电磁涡流制动器：该传感器原理为激磁线圈通电时形成磁场，通过制动轴上的电枢旋转切割磁力线而产生涡流；电枢内的涡流与磁场相互作用形成制动力矩。电磁涡流制动器坚固耐用、维修方便、调速范围大，常用于有垂直载荷的机械中。

### 2. 状态信号连接

状态信号连接如图 6-13 所示。

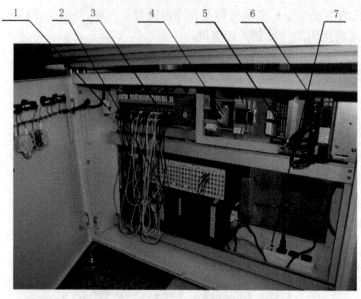

1—断路器，代号 QF1　　　　　　2—PLC 控制单元，代号 ML
3—电气接口，代号 MJ　　　　　　4—继电接口 1，代号 X1
5—步进电机启动器，代号 MQ1　　6—交流伺服驱动单元，代号 MQ2
7—电源插座，代号 MP

图 6-13　状态信号连接图

### 3．TTL 电平

TTL 电路的电平就叫 TTL 电平。TTL 集成电路的全名是晶体管-晶体管逻辑 (Transistor-Transistor Logic)集成电路，主要有 54/74 系列标准 TTL、高速型 TTL(h-TTL)、低功耗型 TTL(l-TTL)、肖特基型 TTL(s-TTL)、低功耗肖特基型 TTL(ls-TTL)五个系列。标准 TTL 的输入高电平最小为 2 V，输出高电平最小为 2.4 V，典型值为 3.4 V，输入的低电平最大为 0.8 V，输出的低电平最大为 0.4 V，典型值为 0.2 V。

### 4．CMOS 电平

CMOS 电路的电平就叫 CMOS 电平。CMOS 集成电路是互补对称金属氧化物半导体 (Complementary Symmetry Metal Oxide Semiconductor)集成电路的英文缩写，电路的许多基本逻辑单元都是用增强型 PMOS 晶体管和增强型 NMOS 管按照互补对称形式连接的，静态功耗很小。CMOS 电路的供电电压 $V_{dd}$ 范围比较广，在 5～15 V 的电压下均能正常工作，电压波动允许为 ±10 V，当输出电压高于供电电压($V_{dd}$) 0.5 V 时为逻辑 1，输出电压低于供电电压($V_{dd}$)0.5 V($V_{ss}$ 为数字地)时为逻辑 0，扇出数为 10～20 个 CMOS 门电路。

## 6.2.5　立体仓库主要自动化部件

立体仓库主要自动化部件如图 6-14 和图 6-15 所示。

图 6-14 伺服电机及控制器 MADDT1205

图 6-15 步进电机控制器 SH-20403

# 6.3 实训内容

## 6.3.1 控制功能设计说明

### 1. 巷式起重机的控制要点

巷式起重机的控制要点有以下几项：

- 巷式起重机 X、Y 轴方向的定位控制。
- 仓库与巷式起重机之间的存取逻辑控制。
- 传感器信号的输入和控制指令的输出。
- 与主站的信息交互。

### 2. 巷式起重机 X、Y 轴方向定位逻辑控制描述(FB51)

(1) 先判断库位号变量(#sour/#destin)属于哪一列(Y1～Y5)，把临时占位符变量 DB100.DBD0 中的值赋给 X 轴方向的位移变量。(起重机水平移动将先到达对应的位置，由图 6-9 可知，库号 1、6、11、16 属同一列，即位移变量均为 X1，其余序号的位移变量依次类推)

(2) 然后判断库位号变量(#sour/#destin)如果是大于 0 小于 6 的值，则 Y 轴位移量定位在第 1 行(即 1# 库位)，把临时占位符变量 DB100.DBD2 中的值赋给 Y 轴方向的位移变量。

### 3. 仓库与巷式起重机之间的存取逻辑控制

(1) 如果库位号变量(#sour /#destin)小于 21，起重机的机械钳将执行反转，转向库内方向；如果大于 21，起重机的机械钳则朝向库外方向，执行出库操作。

(2) 入库时，将入库号对应的 X 轴位移传给 MD100(SE_X)，伺服电机使能后将带动起重机向 X 轴方向移动 MD100；将入库号对应的 Y 轴位移传给 MD106(SE_Y)，步进电机使能后将驱动起重机向 Y 轴方向移动(MD106) + 8(#SPC)的值。本项目中的状态变量表如表 6-1 所示。

## 表 6-1 状态变量表

| 符 号 | I/O 地址 | 用 途 | 备 注 |
|---|---|---|---|
| X-HOME | I0.0 | 机械手 X 轴的原点检测 | 来自 OMRON 接近开关 SQ1 |
| X-LIMIT | I0.1 | 机械手 X 轴的限位检测 | 来自 OMRON 接近开关 SQ2 |
| Y-HOME | I0.2 | 机械手 Y 轴的原点检测 | 来自 OMRON 接近开关 SQ3 |
| Y-LIMIT | I0.3 | 机械手 Y 轴的限位检测 | 来自 OMRON 接近开关 SQ4 |
| RUN | I1.6 | | 运行使能信号，来自控制柜开关 |
| rest | M0.0 | 控制系统复位信号 | FC51_N2 |
| X_OK | M1.1 | 机械手 X 方向移动到位 | FB51_N5 |
| X_START | M1.2 | 机械手 X 方向启动 | FB52_N4 |
| Y_OK | M1.3 | 机械手 Y 方向移动到位 | |
| Y_START | M1.5 | 机械手 Y 方向启动 | |
| DEPOT1～8 | M5.0～M5.7 | 1#~8#库位状态 | = 1 有料；= 0 无料；FC51_N3 |
| DEPOT9～16 | M6.0～M6.7 | 9#~16#库位状态 | = 1 有料；= 0 无料；FC51_N3 |
| DEPOT17～20 | M7.0～M7.3 | 17#~20#库位状态 | = 1 有料；= 0 无料；FC51_N3 |
| Empty | M8.0 | 原料库 | = 1 空；= 0 有料 |
| Full | M8.1 | 产品库 | = 1 满；= 0 有空 |
| de_rest | M8.2 | 初始化 | = 1 启动；= 0 取消 |
| SE_X | MD100 | X 轴坐标当前值 | 0～500 |
| SE_Y | MD106 | Y 轴坐标当前值 | 0～500 |
| ROURCE_IN | MW30 | 移库起始库位 | 机械手移库时设定的起始库位 |
| DESTIN_IN | MW32 | 移库目标库位 | 机械手移库时设定的目标库位 |
| tp_source | MW36 | 移库起始库位 | 触摸屏移库控制用 |
| tp_destin | MW38 | 触摸屏移库目标库位 | 触摸屏移库控制用 |
| TP_START | MW40 | 触摸屏移库启动 | 触摸屏移库控制用 |
| Depot finish | Q10.0 | 出入库完成情况 | 出入库完成信号，送主站 |

续表

| 符　号 | I/O 地址 | 用　途 | 备　注 |
|---|---|---|---|
| X_START | M1.2 | 机械手 X 方向启动 | |
| Y_OK | M1.3 | 机械手 Y 方向移动到位 | |
| Y_START | M1.5 | 机械手 Y 方向启动 | |
| DEPOT1 | M5.0 | 1# 库位状态 | ＝1 有；＝0 无 |
| A CCW | Q1.0 | 正向旋转(往传输带方向) | ＝1 反转；＝0 取消 |
| A CW | Q1.1 | 反向旋转(往库方向) | ＝1 正转；＝0 取消 |
| B CW | Q1.2 | 伸出 | ＝1 伸出；＝0 缩回 |
| C CW | Q1.3 | 抓取 | ＝1 抓取；＝0 松开 |
| RUN | Q1.6 | 运行指示 | 运行信号灯 |
| ERR | Q1.7 | 故障指示 | 故障信号灯 |

## 6.3.2　控制器硬件设计和应用程序设计

### 1. 硬件设计

根据本工序的控制需求，控制器硬件选型如下：
- 电源模块 PS 307(10A)(6ES7 307-1KA00-0AA0)。
- 中央处理单元 CPU 315-2DP(6ES7 315-2AF03-0AB0)。
- 数字量输入模块 SM321 DI16xDC24V(6ES7 321-1BH01-0AA0)。
- 数字量输出模块 SM322 DO16xDC24V/0.5A(6ES7 322-1BH01-0AA0)。
- 定位模块 FM357-2。

### 2. 应用程序设计

立体仓库 PLC 控制器应用程序的开发包括：OB1、OB10、FB50、FB51、FC51、FB52、FB53，如图 6-16 所示。

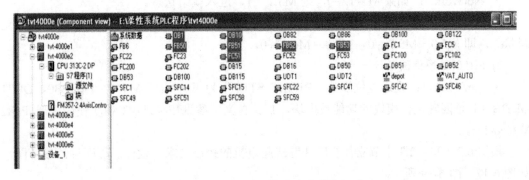

图 6-16　PLC 应用程序中的模块组成

在图 6-16 中，OB1 为循环主程序；OB10 为系统复位子程序；FB50 为初始化功能块；FB51 为出入库运行功能块；FC51 为自动出入库功能块；FB52/FB53 为 XY 定位坐标转换功能块；其余为 STEP 7 控制软件自带的辅助功能数据块。

1) OB1

• NetWork 1：由于本系统中使用了 FM357-2 定位模块用于控制机械手 XY 方向的移动和定位。将实例项目中的 ZEn16_01_FM357-2-BF-EX 文件打开，将 FM357-2 初始化语句复制到 N1 中。

修改最后的语句为：

END:NOP 0　　　　　//BE(增加该句可使下面的程序继续执行。)

• NetWork2：如果 OB10 执行后的上电复位信号 M0.0=1，则启动初始化功能块 FB50。OB10 在硬件组态中，在 CPU313C 的属性中设置 OB10，并激活后，将系统上电，OB10 便开始执，且只执行一次。

• NetWork 3：如果上电复位结束了，即 M0.0 = 0，则进行如下操作：

(1) 把 X 方向的位移值 MD100 通过 FB52 转换成绝对坐标给定值，即 X 给定移动值；

(2) 把 Y 方向的位移值 MD106 转换成绝对坐标给定值，即 Y 给定移动值；

(3) 按照给定的源库位 MW30 和目标库位 MW32 执行程序 FB51。

• NetWork 4：触摸屏控制程序设置如下：

如果触摸屏上的启动按钮按下("TP_START" = 1)且仓库此时没有正在进行的出入库操作，即 MW12 = 0 (IN_STEP = 0)，则将触摸屏上的源库位 MW36 和目标库位 MW38 分别赋给 N3 中给定的源库位 MW30 和目标库位 MW32。

同时，如果 MW30 和 MW32 都不等于 0 时，做以下初始化：MW12 = 1，MW36 = MW38 = MW40 = 0。

• NetWork 5：当 MW12 不等于 0 时，MW36 = MW38 = MW40 = 0。

• NetWork 6：如果上电复位结束了，即 M0.0 = 0 时，启动自动出入库程序 FC51。

• NetWork 7：如果原料库空(M8.0 = 1)，则触发 Q1.7 = 1，点亮故障报警指示灯。

• NetWork 8：如果当前步骤中，MW16 不等于 0，则运行指示灯 Q1.6 = 1，状态送主站或触摸屏 Q10.7 = 1，M3.0 将"sys busy"状态信号送给上位机的组态软件。

• NetWork 9：如果 MW12=0，则 M3.1 = 1，进入就绪状态。

• NetWork10：如果初始化命令启动，即 M8.2 = 1，则源库位 1#～10# 状态设置为无料状态，即 M5.0～M5.7 = 0，M6.0 = M6.1 = 0。

2) FB50 程序框图设计

• NetWork 1：设定复位步骤"RESET STEP"为第一步(即 MW10=1)(DB30、DB31 和 DB115 是四轴定位模块的功能数据块，具体含义可参见 FM357_2 模块使用手册 P182 Table6-17)。

根据 6.2.2 和 6.2.3 小节立体仓库和巷式起重机的控制要求，设计了程序设计参考图，如图 6-17～图 6-19 所示。

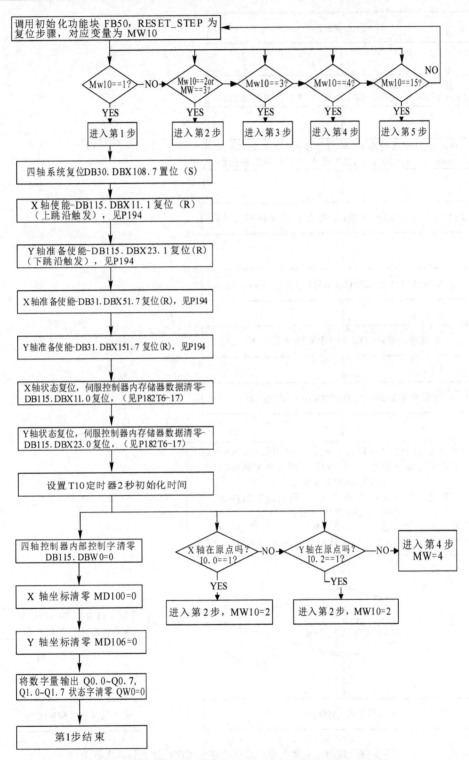

图 6-17　自动化立体仓库单元初始化程序模块设计参考框图

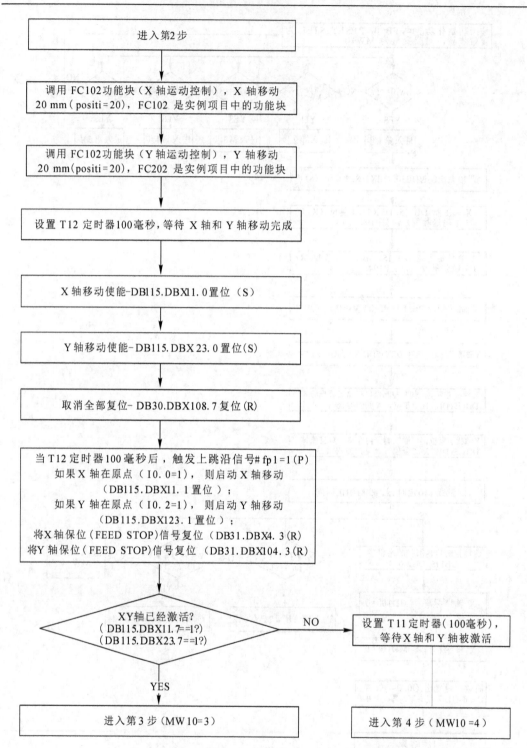

图 6-18　自动化立体仓库单元移动定位程序模块设计参考框图

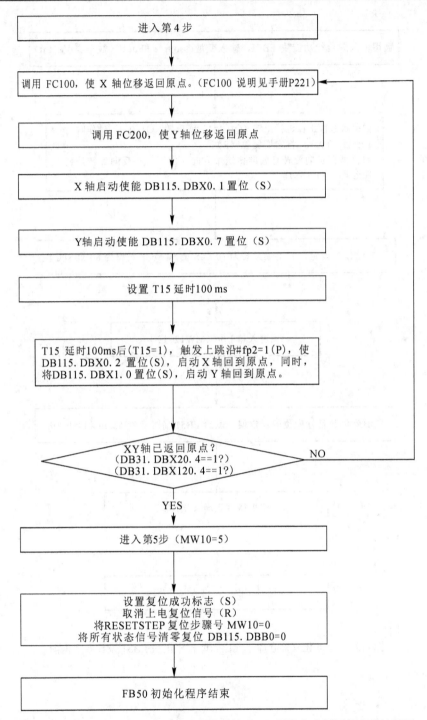

图 6-19 自动化立体仓库单元复位程序模块 FB50 设计参考框图程序设计框图

(3) 自动化立体仓库单元出入库程序模块(FB51)设计参考框图如图 6-20～图 6-26 所示。

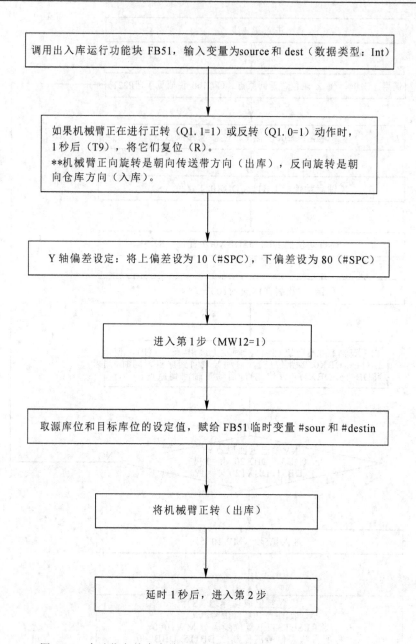

图 6-20　自动化立体仓库单元出入库程序模块 FB51 设计参考框图

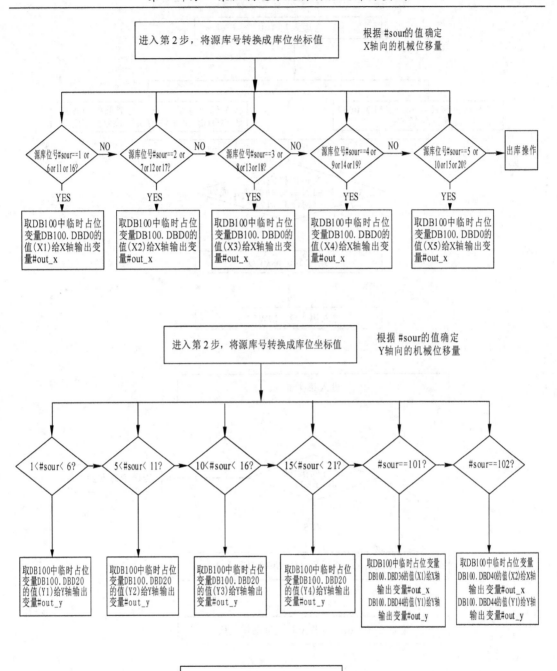

图 6-21　自动化立体仓库单元库号转换坐标程序模块设计参考框图

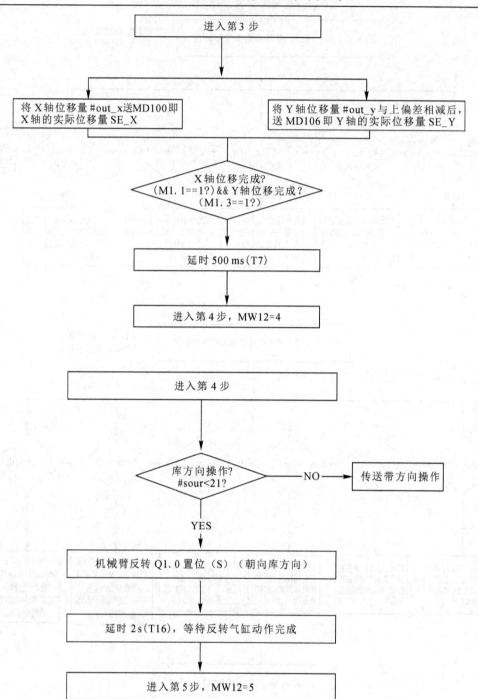

图 6-22　自动化立体仓库单元反转气缸置位程序模块设计参考框图

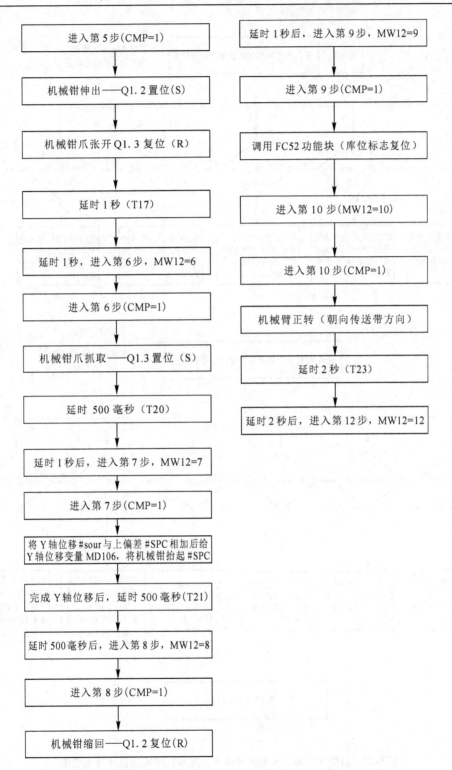

图 6-23　自动化立体仓库单元取件出库程序模块设计参考框图

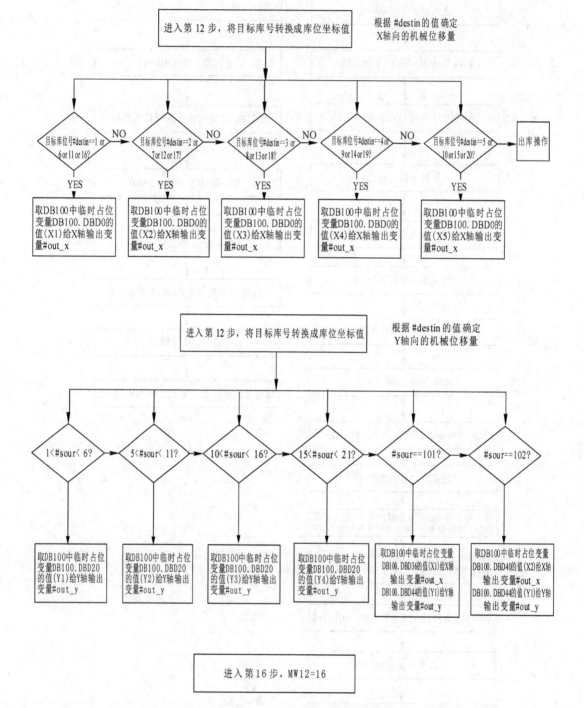

图 6-24　自动化立体仓库坐标转换单元库号程序模块设计参考框图

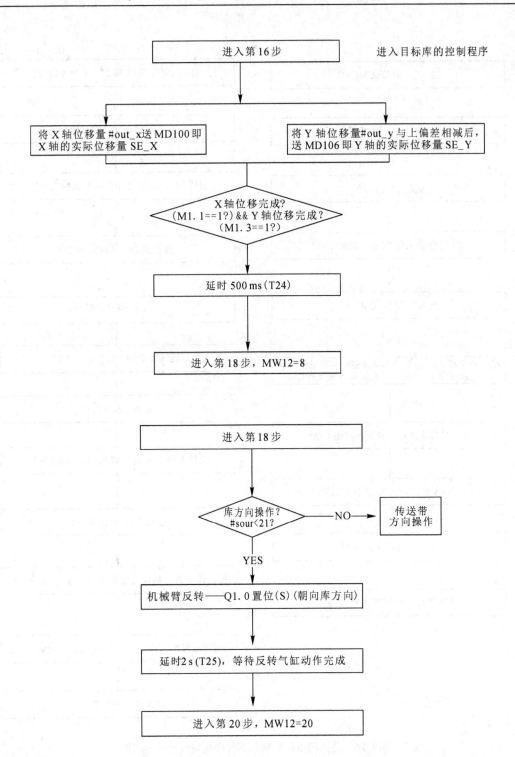

图 6-25　巷式起重机置位程序模块 FB51 设计参考框图

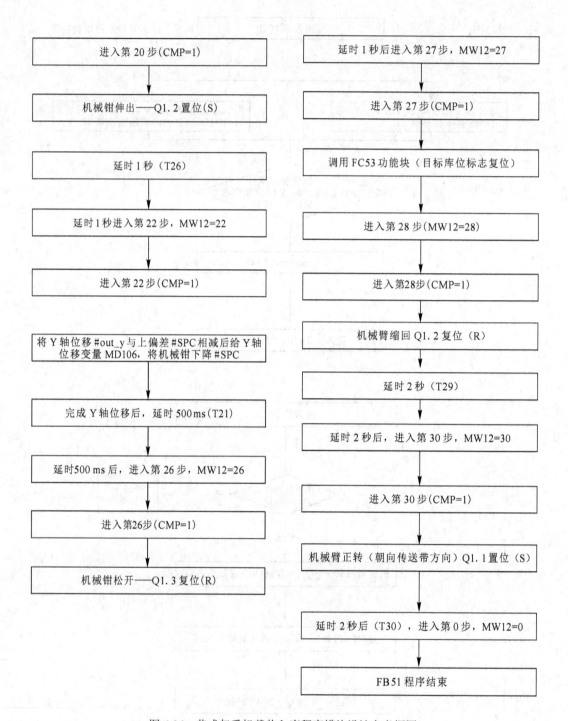

图 6-26　巷式起重机载物入库程序模块设计参考框图

(4) 自动出入库控制(FC51)程序设计框图如图 6-27 和图 6-28 所示。

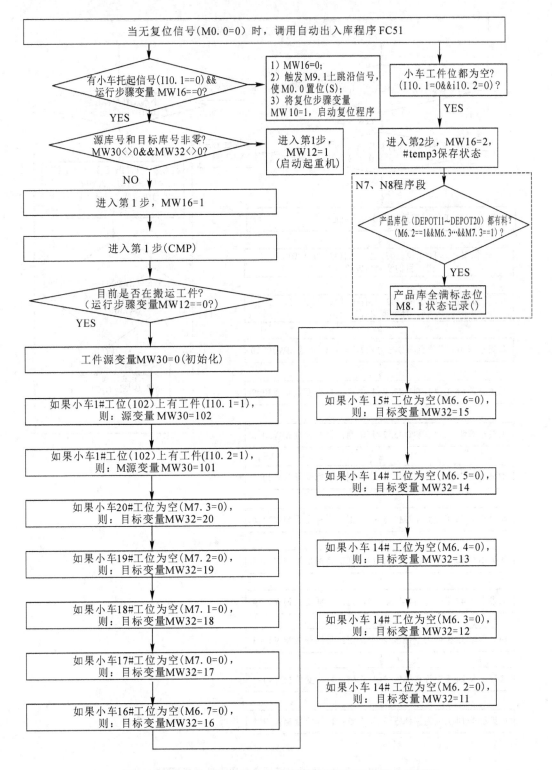

图 6-27 巷式起重机自动出入库程序模块(FC51)设计参考框图

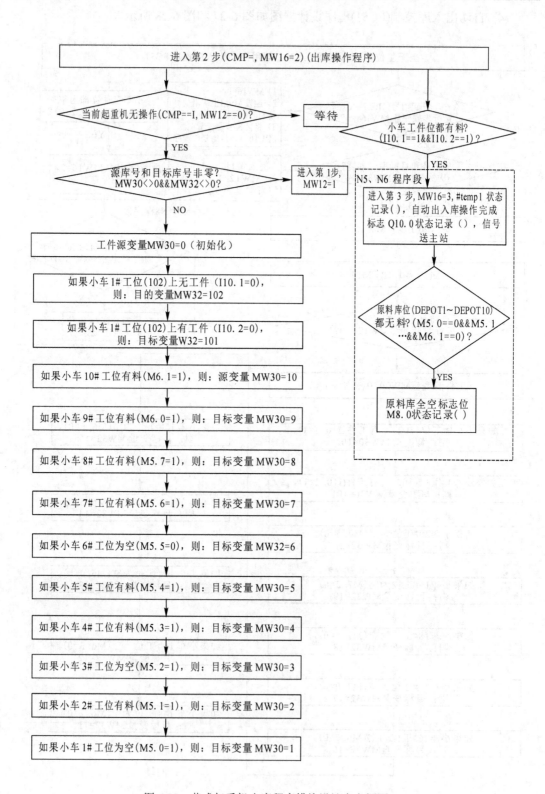

图 6-28　巷式起重机出库程序模块设计参考框图

(5) 库号初始化程序(FC52)设计框图如图6-29所示。

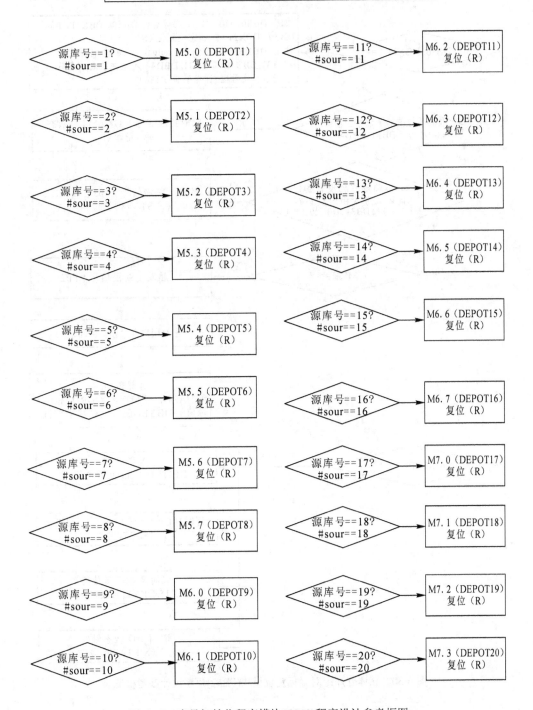

图 6-29 库号初始化程序模块(FC52)程序设计参考框图

(6) 立体仓库绝对坐标定位模块(FB52)程序框图设计如图 6-30 和图 6-31 所示。

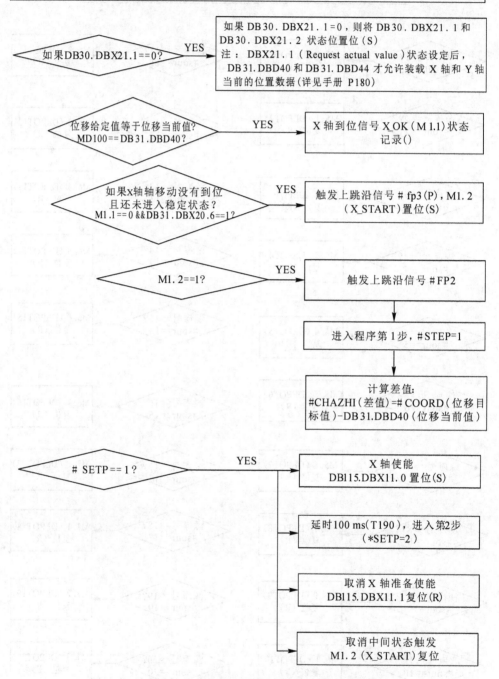

调用 FB52（POSIT 绝对坐标位置控制功能块），输入端名称：COORD，输入变量 MD 100（SE_X）

如果 DB30.DBX21.1==0？　YES　如果 DB 30.DBX21.1=0，则将 DB 30.DBX21.1 和 DB 30.DBX21.2 状态位置位（S）
注：DBX21.1（Request actual value）状态设定后，DB 31.DBD40 和 DB 31.DBD44 才允许装载 X 轴和 Y 轴当前的位置数据（详见手册 P180）

位移给定值等于位移当前值？ MD100==DB 31.DBD40？　YES　X 轴到位信号 X_OK（M 1.1）状态记录（）

如果 x 轴轴移动没有到位且还未进入稳定状态？ M1.1==0 && DB 31.DBX20.6==1？　YES　触发上跳沿信号 # fp3（P），M1.2（X_START）置位（S）

M1.2==1？　YES　触发上跳沿信号 #FP2

进入程序第 1 步，#STEP=1

计算差值： #CHAZHI（差值）=# COORD（位移目标值）-DB 31.DBD40（位移当前值）

# SETP==1？　YES　X 轴使能 DBI15.DBX11.0 置位（S）

延时 100 ms（T190），进入第 2 步（*SETP=2）

取消 X 轴准备使能 DBI15.DBX11.1 复位（R）

取消中间状态触发 M1.2（X_START）复位

图 6-30　立体仓库绝对坐标定位模块(FB52)程序设计参考框图

NetWork6:

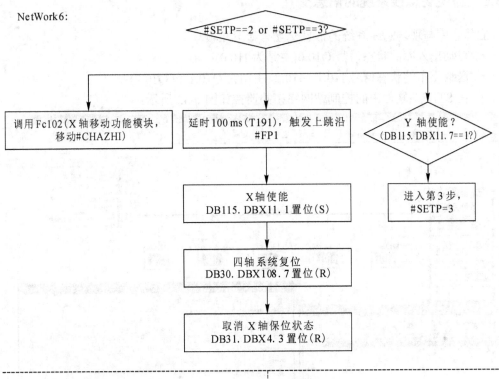

NetWork7:

NetWork8:

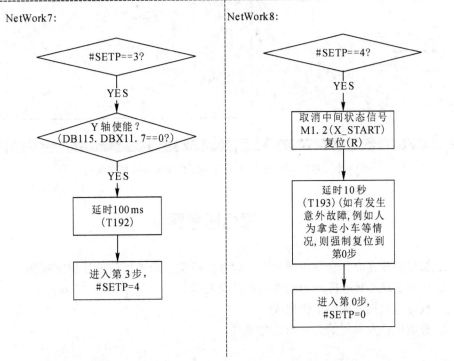

图 6-31　立体仓库绝对坐标定位模块(FB52)程序设计参考框图

### 6.3.3 与现场总线系统的信息交互

立体仓库与现场总线系统的信息交互有如下几项：

- 自动出入库的状态信号 Q10.0(主站为 I10.0)；
- 送料小车的状态信号 I10.1，I10.2 (主站为 Q10.1 和 Q10.2)；
- 在 STEP 7 软件中的控制站网络拓扑监控如图 6-32 所示。

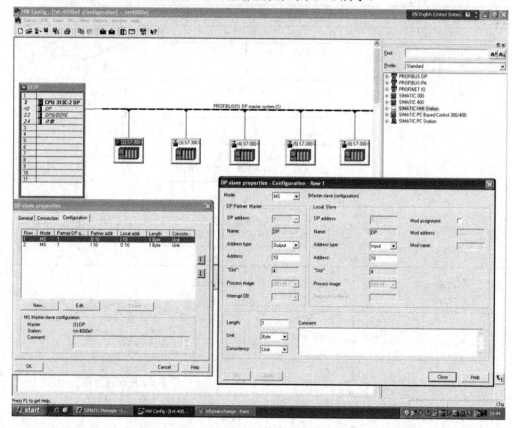

图 6-32　立体车库单元与现场总线系统信息交互图

## 课后思考题

1. 如果需要在立体仓库中增加废品收集的库位，应该如何设计程序框图？
2. 如何实现立体仓库库内物件的自动化转运？
3. 预习搬运机器人的工作原理。
4. 搬运机器人常用的夹具形式有哪些？

# 项目七 自动化搬运系统

## 7.1 实 训 目 的

(1) 了解控制系统的设计标准和设计流程；
(2) 用 Microsoft Office Project 设计本项目进度表；
(3) 熟悉柔性制造系统以及本项目中各机械部件的功能结构。
(4) 掌握常用设计工具 Visio，完成本项目控制系统的控制逻辑图设计；
(5) 学会使用组态软件，完成本项目中上位机的监控系统设计。

## 7.2 实 训 原 理

### 7.2.1 自动化搬运系统单元简介

#### 1. 工业机器人简介

工业机器人在工业生产中能代替人做某些单调、频繁和重复的长时间作业，或是在危险、恶劣环境下的作业，例如冲压、压力铸造、热处理、焊接、涂装、塑料制品成形、机械加工和简单装配等工序，以及在原子能工业等部门中完成对人体有害物料的搬运或工艺操作。图 7-1 为几种工业机器人的图片。

20 世纪 50 年代末，美国在机械手和操作机的基础上，采用伺服机构和自动控制等技术，研制出了有通用性的独立的工业用自动操作装置，并将其称为工业机器人；60 年代初，美国成功研制出了两种工业机器人，并很快地在工业生产中得到应用；1969 年，美国通用汽车公司用 21 台工业机器人组成了焊接轿车车身的自动生产线。此后，各工业发达国家都很重视研制和应用工业机器人。

由于工业机器人具有一定的通用性和适应性，能适应多品种中、小产品的批量生产，因此自 20 世纪 70 年代起，它就与数字控制机床结合在一起，成为了柔性制造单元或柔性制造系统的组成部分。

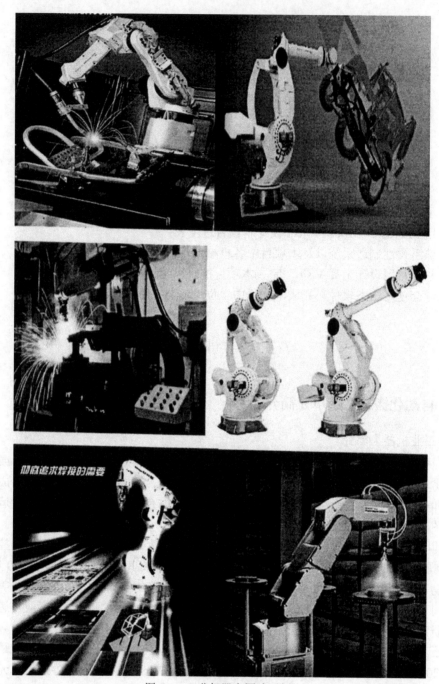

图 7-1　工业机器人图片示例

## 2. 搬运系统机械单元简介

搬运系统组成单元如图 7-2 所示。

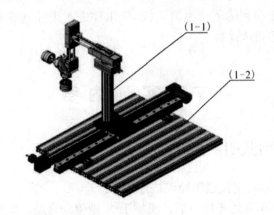

(1-1)—可转位机械手搬运机构　(1-2)—型材基体桌面

图 7-2　搬运系统单元

可转位机械手搬运机构的结构见图 7-3。它是由高精度双轴心直线导轨、三爪机械夹手、腕关节、腕关节旋转气缸、Z 轴气缸、Y 轴直线导轨、Y 轴气缸、旋转气缸、X 轴步进电机、X 轴滑座等组成。可转位机械手搬运机构主要被用来实现空间货物的存取、水平垂直位置切换并提高效率。

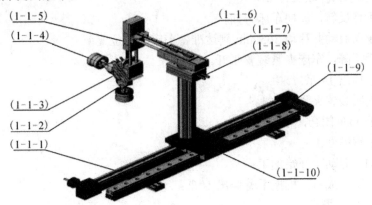

(1-1-1)—高精度双轴心直线导轨；(1-1-2)—三爪机械夹手；(1-1-3)—腕关节；(1-1-4)—腕关节旋转气缸；

(1-1-5)—Z 轴气缸；(1-1-6)—Y 轴直线导轨；(1-1-7)—Y 轴气缸；(1-1-8)—旋转气缸；

(1-1-9)—X 轴步进电机；(1-1-10)—X 轴滑座

图 7-3　可转位机械手结构

## 7.2.2　搬运机械手的控制需求

当多工位环行线机械手上料工位的工件到达时，可转位机械手机构便开始运动使气控夹手(1-1-2)移至多工位环行线机械手上料工位工件的上方，然后气控夹手(1-1-2)张开，向下移动，将工件夹紧，Z 轴气缸(1-1-5)升起，此时腕关节旋转气缸(1-1-4)旋转，Z 轴气缸(1-1-5)下降使另一气控夹手也夹紧工件并升起，同时旋转气缸(1-1-8)旋转，X 轴滑座

(1-1-10)由步进电机驱动到达下一上料工位。使工件进入柔性制造实验系统自夹紧车削加工系统单元(第三工序)的始端。

# 7.3 实训内容

## 7.3.1 控制功能设计说明

搬运机械手 X 轴方向定位逻辑控制描述如下：
- 当上料工位小车到达工序三后，机械手 X 轴驱动启动，先移动 221 mm 到达小车 101 位置；
- 机械手由垂直气缸带动下降(垂直移动距离为机械限位方式)；
- 用 1# 抓手去抓取工件 1；
- 再移动 286 mm 到达小车 102 位置；
- 机械手腕关节旋转 180°；
- 用 2# 抓手去抓取工件 2；
- 机械手臂反转，朝向车床方向；
- X 轴驱动启动并移动 365 mm 到达准备车床加工位置；
① 机械手下降，车床夹紧装置张开。
② 机械手伸出 1# 爪。
- 车床夹紧装置夹紧工件 1；
- 机械手 1#爪闭合，松开工件 1；
- 机械手臂缩回；
- 车床加工启动，开始加工；
- 车床加工完成后，机械手臂伸出 1#爪；
- 机械手 1#爪张开；
- 车床夹紧装置松开工件 1；
- 机械手臂缩回，带回工件 1；
- 机械手腕关节旋转 180°，换 2# 爪，从上述②开始重复，直至完成工件 2 的加工；
- 机械手从上述①开始向上逆向按步骤完成放回工件到上料小车的动作。

## 7.3.2 控制器硬件设计

根据本工序的控制需求，控制器硬件选型如下：
- 源模块 PS 307(10A)(6ES7 307-1KA00-0AA0)。
- 央处理单元 CPU 315-2DP(6ES7 315-2AF03-0AB0)。
- 字量输入模块 SM321 DI16xDC24V(6ES7 321-1BH01-0AA0)。
- 字量输出模块 SM322 DO16xDC24V/0.5A(6ES7 322-1BH01-0AA0)。

- 位模块 FM357-2。

控制器硬件接线原理图，如图 7-4 所示。

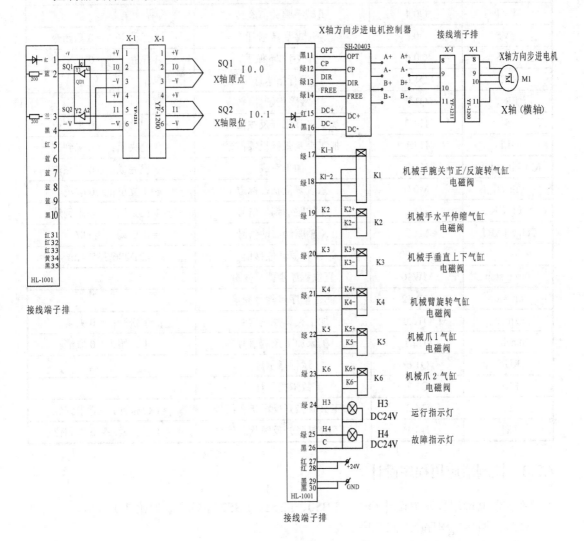

图 7-4　控制器硬件接线原理图

设计形成的控制器状态变量表如表 7-1 所示。

**表 7-1　控制器状态变量表**

| 符　号 | 地　址 | 注　释 | 备　注 |
|---|---|---|---|
| X_Home | I0.0 | X 轴初始位 | 来自 OMRON 接近开关 SQ1 |
| X_Limit | I0.1 | X 轴限位 | 来自 OMRON 接近开关 SQ2 |
| YV1-1 | Q0.0 | 机械臂正旋转 | =1 传输线方向；=0 取消 |
| YV1-2 | Q0.1 | 机械臂反旋转 | =1 加工机床方向；=0 取消 |
| YV2 | Q0.2 | 机械手水平伸缩气缸控制 | =1 伸出；=0 缩回 |
| YV3 | Q0.3 | 机械手垂直上下气缸控制 | =1 上升；=0 下降 |

续表

| 符　号 | 地　址 | 注　释 | 备　注 |
|---|---|---|---|
| YV4 | Q0.4 | 机械手腕关节旋转 | |
| YV5 | Q0.5 | 机械手 1# 抓手 | =1 爪张开；=0 爪闭合 |
| YV6 | Q0.6 | 机械手 2# 抓手 | =1 爪张开；=0 爪闭合 |
| RUN | Q1.6 | 运行指示灯 | |
| ERR | Q1.7 | 故障指示灯 | |
| zk | I14.0 | 加工夹具张开反馈信号 | =1 已张开；=0 未到位 |
| zk1 | I14.1 | 加工夹具张开反馈信号 | =1 夹紧；=0 未到位 |
| Machin_finish | I14.2 | 加工完成 | =1 已完成；=0 未完成 |
| reset | M0.0 | 系统复位状态标志 | =1 复位；=0 取消 |
| X1_OK | M1.1 | X 轴驱动到位信号 | =1 已到达；=0 未到达 |
| X1_START | M1.2 | X 轴驱动启动信号 | =1 启动；=0 取消 |
| se_x | MD100 | X 轴驱动位移值 | 221\286\365 mm |
| reset_step | MW10 | 复位程序步骤号变量 | |
| run_step | MW12 | 润行程序步骤号变量 | |
| zhua | Q12.0 | 加工夹具控制信号 | =1 松开；=0 夹紧 |
| machin | Q12.1 | 机床加工控制信号 | =1 开始；=0 取消 |
| RUN | Q1.6 | 运行指示灯 | |
| ERR | Q1.7 | 故障指示灯 | |
| zk | I14.0 | 加工夹具张开反馈状态信号 | =1 已张开；=0 未到位 |
| zk1 | I14.1 | 加工夹具张开反馈状态信号 | =1 已夹紧；=0 未到位 |

### 7.3.3　控制器应用程序设计

在控制器应用程序中设计 OB1、FB50、FB51、FB52 等模块，如图 7-5 所示。

OB1：循环主程序(N1 同工序二)。

FB50：系统初始化功能块(同工序二)。

FB51：搬运程序功能块。

FB52：X 轴定位坐标转换功能块(同工序二)。

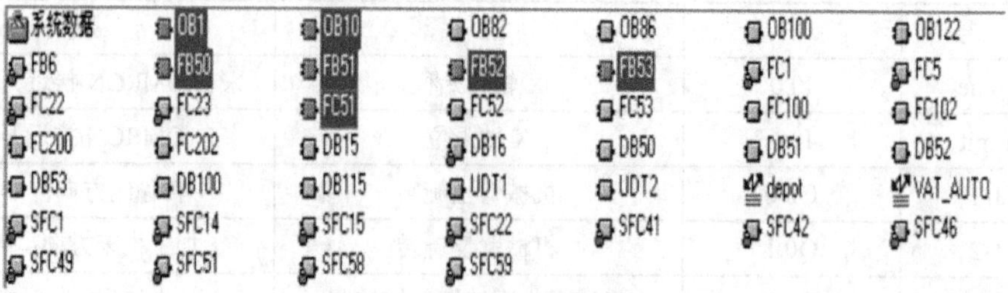

| 系统数据 | OB1 | OB10 | OB82 | OB86 | OB100 | OB122 |
|---|---|---|---|---|---|---|
| FB6 | FB50 | FB51 | FB52 | FB53 | FC1 | FC5 |
| FC22 | FC23 | FC51 | FC52 | FC53 | FC100 | FC102 |
| FC200 | FC202 | DB15 | DB16 | DB50 | DB51 | DB52 |
| DB53 | DB100 | DB115 | UDT1 | UDT2 | depot | VAT_AUTO |
| SFC1 | SFC14 | SFC15 | SFC22 | SFC41 | SFC42 | SFC46 |
| SFC49 | SFC51 | SFC58 | SFC59 | | | |

图 7-5　控制器应用程序设计

(1) OB1 循环主程序设计，如图 7-6 所示。

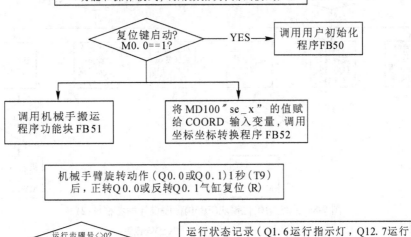

图 7-6　主程序 OB1 设计参考框图

(2) 系统功能块 FB50 设计，如图 7-7～7-31 所示。

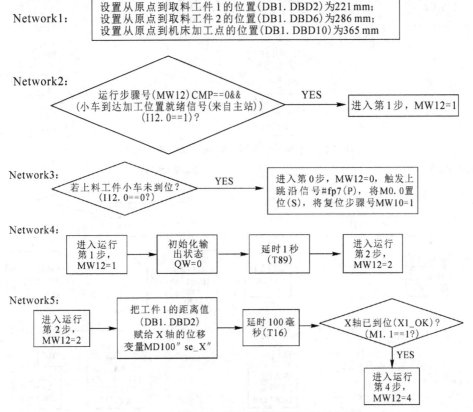

图 7-7　系统初始化模块程序设计参考框图(1)

NetWork6:

NetWork7:

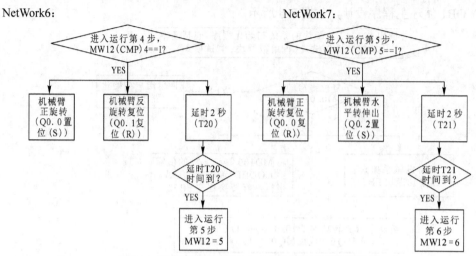

图 7-8 系统初始化模块(FB50)程序设计参考框图(2)

NetWork8:

NetWork9:

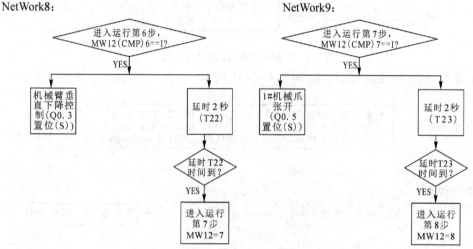

图 7-9 1# 机械手抓取工件程序设计参考框图

NetWork10:

NetWork11:

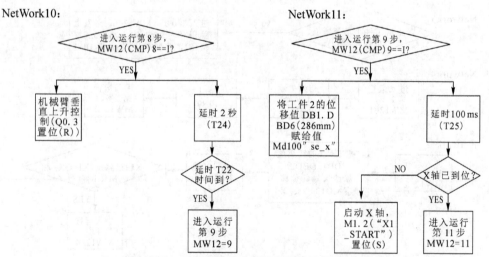

图 7-10 1# 抓取提升及换位程序设计参考框图

NetWork12：　　　　　　　　　　　　　　　　NetWork13：

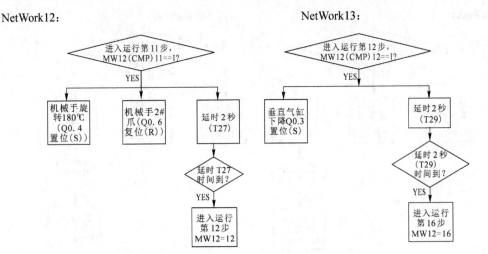

图 7-11　2#机械手抓取工件程序设计参考框图

NetWork14：　　　　　　　　　　　　　　　　NetWork15：

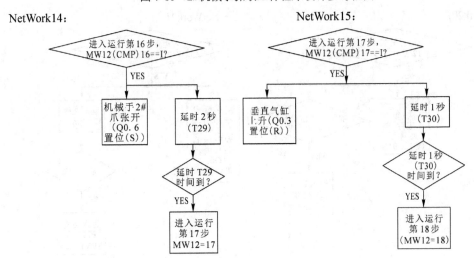

图 7-12　2# 抓取提升及换位程序设计参考框图

NetWork16：　　　　　　　　　　　　　　　　NetWork17：

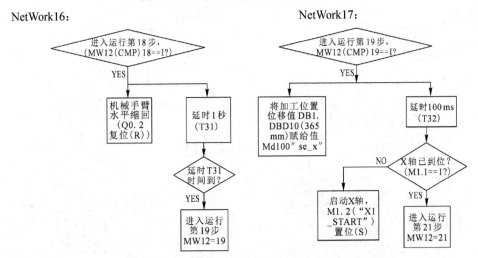

图 7-13　机械手移动至加工工位的程序设计参考框图

NetWork18:　　　　　　　　　　　　　　NetWork19:

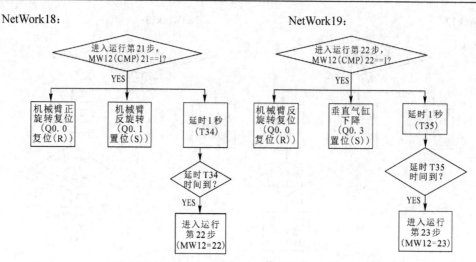

图 7-14　机械手与加工机床对位的程序设计参考框图

NetWork20:　　　　　　　　　　　　　　NetWork21:

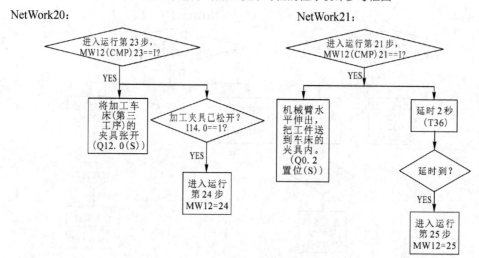

图 7-15　加工机床送 1# 件与机械手接件的程序设计参考框图

NetWork22:　　　　　　　　　　　　　　NetWork23:

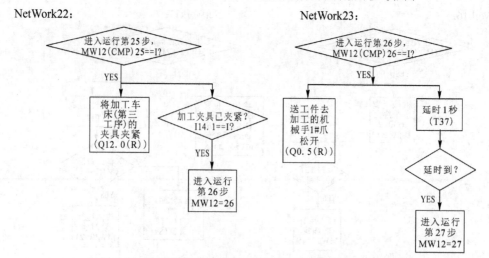

图 7-16　加工机床夹紧与机械手松开 1# 件的程序设计参考框图

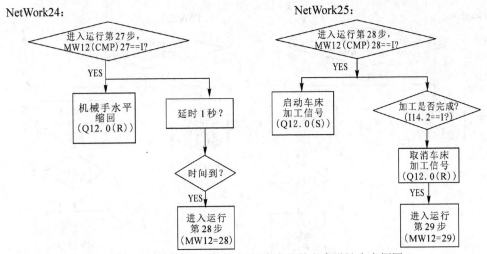

图 7-17　机械手收回与加工机床启动的程序设计参考框图

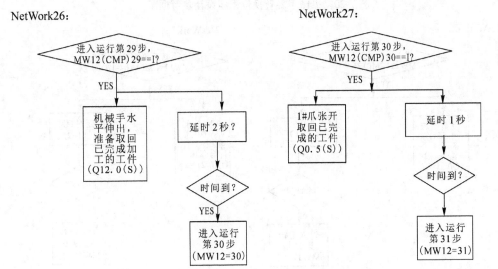

图 7-18　机械手取 1# 件程序设计参考框图

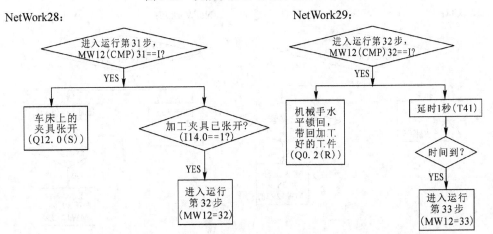

图 7-19　加工机床松开夹具与机械手缩回的程序设计参考框图

NetWork30：                              NetWork31：

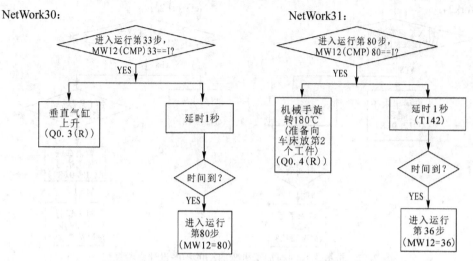

图 7-20　机械手旋转换位程序设计参考框图

NetWork32：                              NetWork33：

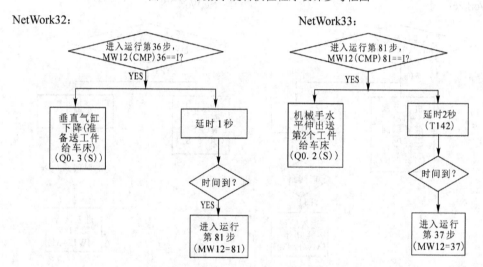

图 7-21　加工机床送 2# 件与机械手接件的程序设计参考框图

NetWork34：                              NetWork35：

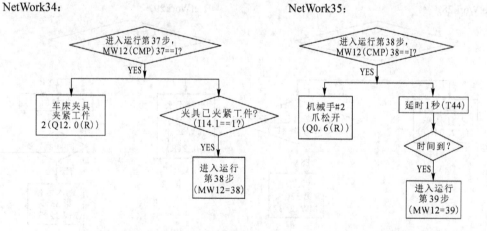

图 7-22　加工机床夹紧与机械手松开 2# 件的程序设计参考框图

NetWork36：                                         NetWork37：

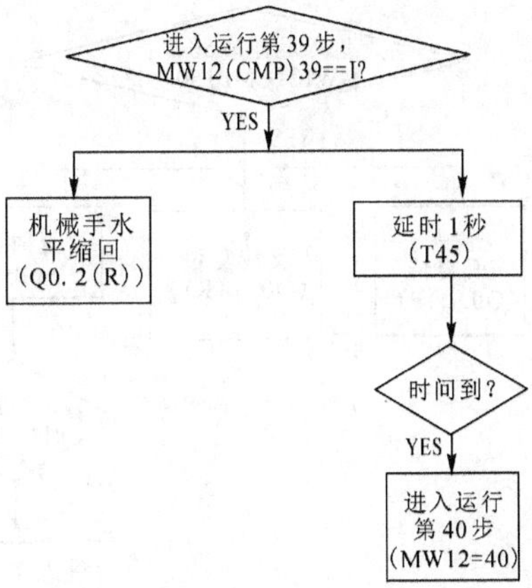

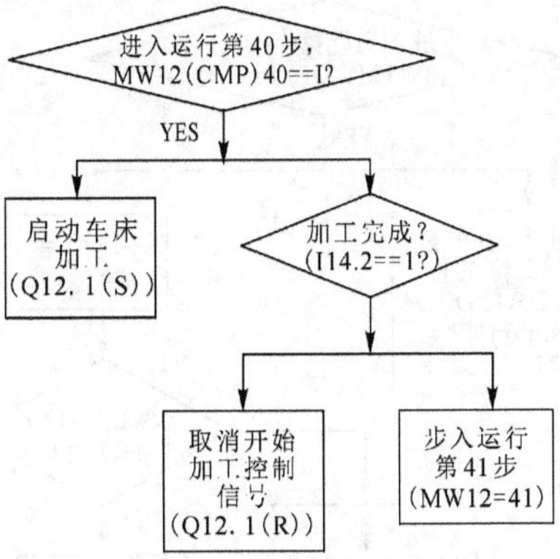

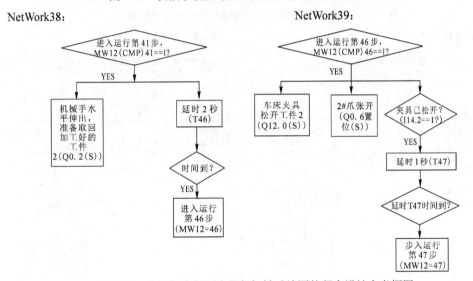

图 7-23  机械手收回与加工机床启动的程序设计参考框图

NetWork38：                                         NetWork39：

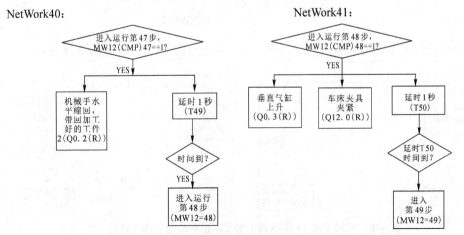

图 7-24  加工机床松开夹具与机械手缩回的程序设计参考框图

NetWork40：                                         NetWork41：

图 7-25  机械手缩回与加工机床复位的程序设计参考框图

NetWork42:

NetWork43:

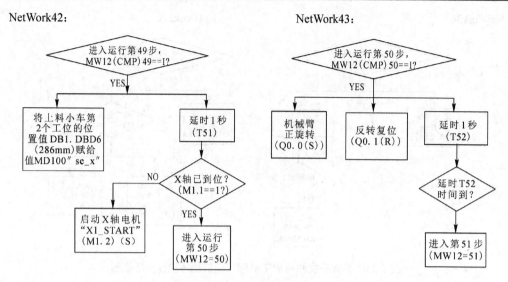

图 7-26 机械手与送料小车对接的程序设计参考框图(1)

NetWork44:

NetWork45:

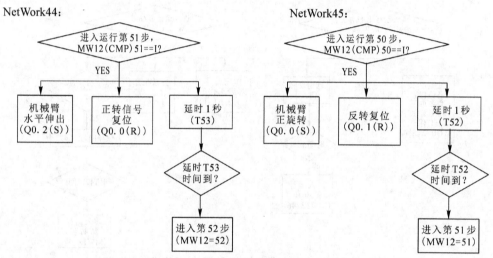

图 7-27 机械手与送料小车对接的程序设计参考框图(2)

NetWork46:

NetWork47:

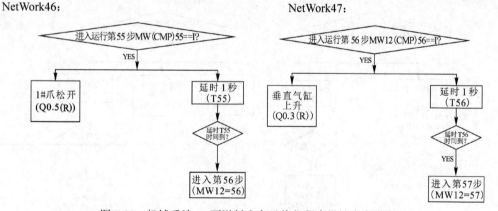

图 7-28 机械手放 1# 至送料小车及换位程序设计参考框图

NetWork48：
进入运行第57步MW12(CMP)57==I?
YES
将上料小车第1个工位的位置值 DB1.DBD2 (221mm)赋给MD100 "se_x"
延时1秒 (T57)
X轴已到位? (M1.1==1?)
NO
YES
启动X轴电机 "X1 START" (M1.2)(S)
进入运行第58步(MW12=58)
NetWork49：
进入运行第58步MW12(CMP)58==I?
YES
机械手旋转180℃ (Q0.4(S))
延时1秒 (T58)
延时T58时间到?
YES
进入第59步 (MW12=59)

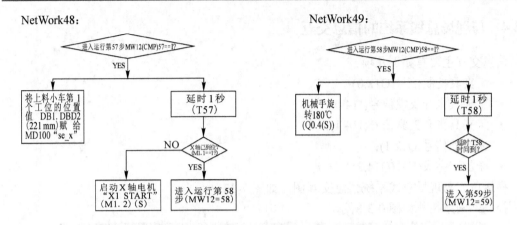

图 7-29　机械手移动与旋转的程序设计参考框图

NetWork50：
进入运行第59步MW12(CMP)59==I?
YES
垂直气缸下降 (Q0.3(s))
延时1秒 (T59)
时间到
YES
进入运行第60步(MW12=60)
NetWork51：
进入运行第60步MW12(CMP)60==I?
YES
2#爪松开 (Q0.6(R))
延时1秒 (T60)
延时T60时间到?
YES
进入第61步 (MW12=61)

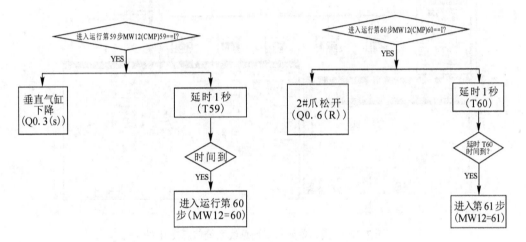

图 7-30　机械手放 2# 至送料小车及换位程序设计参考框图

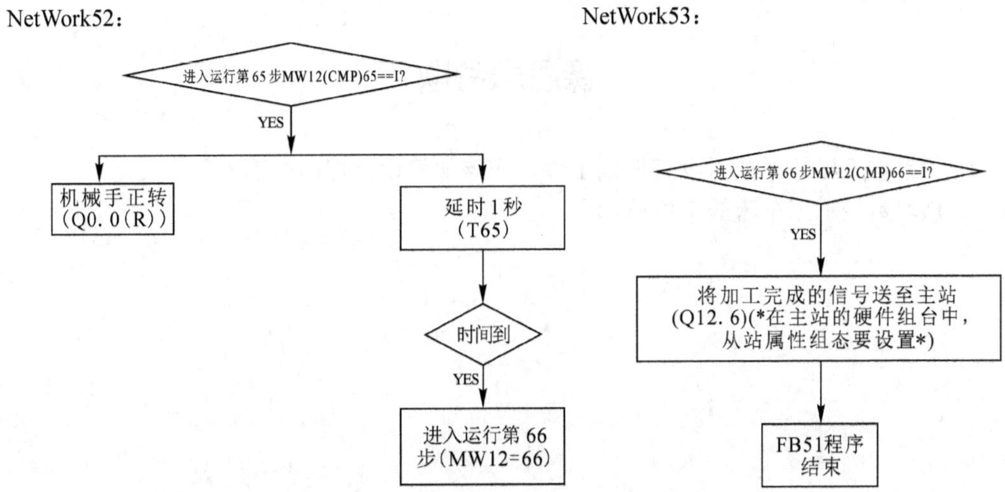

NetWork52：
进入运行第65步MW12(CMP)65==I?
YES
机械手正转 (Q0.0(R))
延时1秒 (T65)
时间到
YES
进入运行第66步(MW12=66)
NetWork53：
进入运行第66步MW12(CMP)66==I?
YES
将加工完成的信号送至主站 (Q12.6)(*在主站的硬件组台中，从站属性组态要设置*)
FB51程序结束

图 7-31　机械手复位发讯至总站程序设计参考框图

### 7.3.4　与现场总线系统的信息交互

信息交互主要有如下几项：
- 工夹具控制信号(Q12.0)；
- 工夹具张开反馈信号(I14.0)；
- 工夹具张开夹紧信号(I14.1)；
- 床启动信号(Q12.1)；
- 床加工完成信号(Q14.2)。

搬运单元与现场总线系统信息交互图，如图 7-32 所示。

控制站网络拓扑如图 0-3 所示。

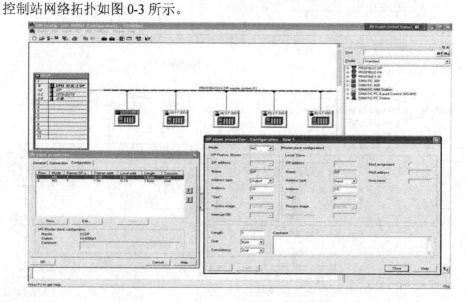

图 7-32　搬运单元与现场总线系统信息交互图

## 课后思考题

1. 如果本工序的机械手没有抓到工件，应该如何设计程序框图？
2. 预习数控加工车床的工作原理。

# 项目八　自动上料装置与数控加工车床

## 8.1　实训目的

(1) 了解控制系统的设计标准和设计流程；
(2) 用 Microsoft Office Project 设计本项目的进度表；
(3) 熟悉柔性制造系统以及本项目各机械部件的功能结构；
(4) 掌握常用设计工具 Visio，完成本项目控制系统的控制逻辑图设计；
(5) 学会使用组态软件，完成本项目上位机的监控系统设计。

## 8.2　实训原理

### 8.2.1　实训装置简介

#### 1. 数控加工机床简介

数控机床是一种高精度、高效率的机床，实物图如图 8-1 所示。它具有极强的加工性能，可加工直线圆柱、斜线圆柱、圆弧和各种螺纹，具有直线插补、圆弧插补等各种补偿功能，在复杂零件的批量生产中发挥了良好的经济效用，有效节约了成本。

图 8-1　数控机床

数控机床的操作和监控全部在数控单元中完成，数控单元是数控机床的大脑。与普通机床相比，数控机床有如下特点：

· 对加工对象的适应性强，适应模具等产品单件生产的特点，为模具的制造提供了合适的加工方法；

· 加工精度高，具有稳定的加工质量；

· 可进行多坐标的联动，能加工形状复杂的零件；

- 加工零件改变时，一般只需要更改其数控程序，可节省生产准备时间；
- 机床本身的精度高、刚性大，可选择有利的加工用量，生产率高(一般为普通机床的 3～5 倍)；
- 机床自动化程度高，可以减轻劳动强度；
- 有利于生产管理的现代化，数控机床使用数字信息与标准代码处理、传递信息，使用了计算机控制方法，为计算机辅助设计、制造及管理一体化奠定了基础；
- 对操作人员的素质要求较高，对维修人员的技术要求也较高；
- 可靠性强。

**2. 实训系统的机械结构简介**

实训系统的机械部分是由车床床身、自动上料装置(三爪气动自夹紧机构)、XY 工作台以及型材桌体四个部分组成，如图 8-2 所示。

(2-1)—车床床身；(2-2)—三爪气动自夹紧机构；(2-3)—XY 工作台；(2-4)—型材桌体

图 8-2　实训系统的机械结构设计

**3. 三爪气动自夹紧机构简介**

三爪气动自夹紧机构由主轴交流电机、底座、气压回转器、同步齿型轮、主轴、气动三爪卡盘、型材立柱等组成，如图 8-3 所示。自夹紧车削加工系统主要对工件进行车削加工，其铣削的尺寸由 XY 工作台通过步进电机精确控制。

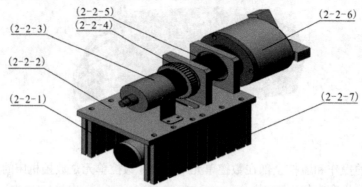

(2-2-1)—主轴交流电机；(2-2-2)—底座；(2-2-3)—气压回转器；(2-2-4)—同步齿型轮；

(2-2-5)—主轴；(2-2-6)—气动三爪卡盘；(2-2-7)—型材立柱

图 8-3　自动上料装置(三爪气动自夹紧机构)的结构设计

## 8.2.2　XY 工作台的机械设计

　　XY 工作台由 X 轴进给步进电机、轴承支座、限位传感器、X 轴滚珠丝杠副、柔性联轴器、Y 轴步进电机、刀塔、直线导轨、底座组成，如图 8-4 所示。XY 工作台主要实现对工件加工刀具的进给控制，精确定位由步进电机进行控制。

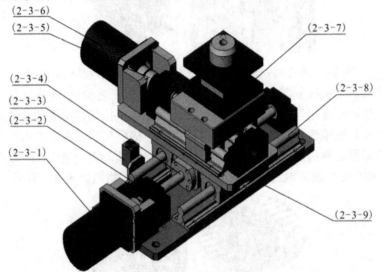

(2-3-1)—X 轴进给步进电机；(2-3-2)—轴承支座；(2-3-3)—限位传感器；

(2-3-4)—X 轴滚珠丝杠副；(2-3-5)—柔性联轴器；(2-3-6)—Y 轴步进电机；

(2-3-7)—刀塔；(2-3-8)—直线导轨；(2-3-9)—底座

图 8-4　XY 工作台的机械设计

电气连接及相关硬件如图 8-5 和图 8-6 所示。

图 8-5　工作台电气布置接线

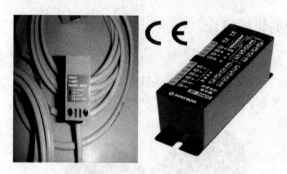

图 8-6　接近开关外形图与 XY 工作台步进电机控制器 SH-20403

单片无刷直流电机控制器 YF3022S 采用双极性模拟工艺制造，可在任何恶劣的工业环境下保证高品质和高稳定性，包含了开环三相或四相电机控制器所需的全部有效功能。该器件由一个用于良好整流序列的转子位置译码器、可提供传感器电源的带温度补偿的参考电平、频率可编程的锯齿波振荡器、三个集电极开路的顶部驱动输出以及三个非常适用于驱动大功率 MOSFET 的大电流推挽底部驱动器组成，实物图如图 8-7 所示。

图 8-7　YF3022S 无刷直流电机

# 8.3　实训内容

## 8.3.1　控制功能设计说明

XY 工作台逻辑控制需求描述：
- 当上料工位小车到达工序三后，机械手 X 轴驱动启动，先移动 221 mm 到达小车 101 的位置；· 机械手由垂直气缸带动下降(垂直移动距离为机械限位方式)；
- 用 1# 抓手去抓取工件 1；
- 再移动 286 mm 到达小车 102 的位置；
- 机械手腕关节旋转 180°；
- 用 2# 抓手去抓取工件 2；
- 机械手臂反转，朝向车床方向；
- X 轴驱动启动，移动 365 mm 到达准备车床加工位置；
- 机械手下降，车床夹紧装置张开；
- 机械手伸出 1# 爪；
- 车床夹紧装置夹紧工件 1；

- 机械手 1# 爪闭合,松开工件 1;
- 机械手臂缩回;
- 车床加工启动,开始加工;
- 车床加工完成后,机械手臂伸出 1# 爪;
- 机械手 1#爪张开;
- 车床夹紧装置松开工件 1;
- 机械手臂缩回,带回工件 1;
- 机械手腕关节旋转 180°,换 2# 爪,从前述②开始重复,直至完成工件 2 的加工;
- 机械手从前述①开始向上逆向按步骤完成放回工件到上料小车的动作。

## 8.3.2 控制器硬件设计

根据本工序的控制需求,控制器硬件选型如下:

- 电源模块 PS 307(10A)(6ES7 307-1KA00-0AA0)。
- 中央处理单元 CPU 315-2DP(6ES7 315-2AF03-0AB0)。
- 数字量输入模块 SM321 DI16xDC24V(6ES7 321-1BH01-0AA0)。
- 数字量输出模块 SM322 DO16xDC24V/0.5A(6ES7 322-1BH01-0AA0)。
- 定位模块 FM357-2。

控制器硬件接线原理图如图 8-8 所示,本项目状态变量表如表 8-1 所示。

**表 8-1 状态变量表**

| 符 号 | 地 址 | 注 释 | 备 注 |
|---|---|---|---|
| X_Limit | I0.0 | M1 轴的原点 | 来自 OMRON 接近开关 SQ1 |
| Y_Limit | I0.1 | M2 轴的原点 | 来自 OMRON 接近开关 SQ2 |
| | I1.6 | 运行使能 | =1 传输线方向;=0 取消 |
| | Q0.0 | 夹紧控制 | =1 张开;=0 夹紧 |
| | Q0.1 | 机械手臂正转(朝向传输线) | =1 正转;=0 取消 |
| | Q0.2 | 机械手臂反转(朝向车床) | =1 反转;=0 取消 |
| RUN | Q1.6 | 运行指示 | =1 运行 |
| ERR | Q1.7 | 故障指示 | =1 故障; |
| X_OK | M1.1 | X 轴到位 | =1 爪张开;=0 爪闭合 |
| X_START | M1.2 | 运行指示灯 | |
| Y_OK | M1.3 | 故障指示灯 | |
| Y_START | M1.5 | 加工夹具张开反馈信号 | =1 已张开;=0 未到位 |
| SE_X1 | MD100 | X 轴驱动位移值 | XY 工作台 |
| SET_Y | MD106 | X 轴驱动位移值 | XY 工作台 |
| RESET_STEP | MW10 | 复位步骤变量 | |
| RUN_STEP | MW12 | 运行步骤变量 | |

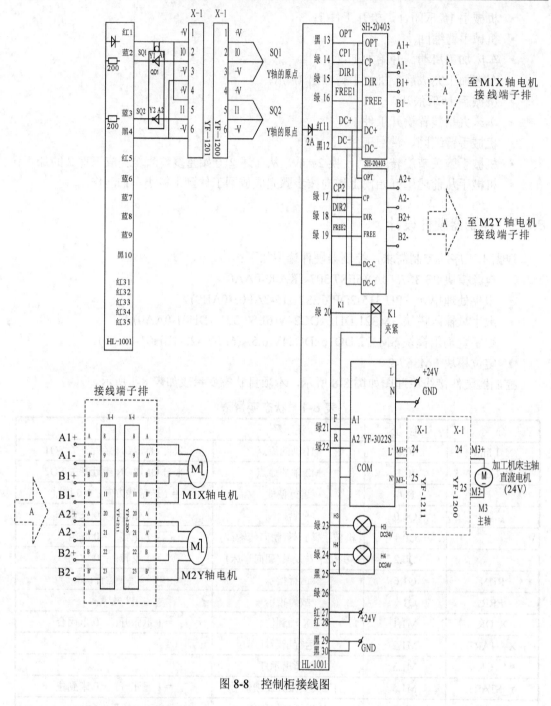

图 8-8　控制柜接线图

## 8.3.3　控制器应用程序设计

主程序 OB1 的设计可参照图 8-9 所示。

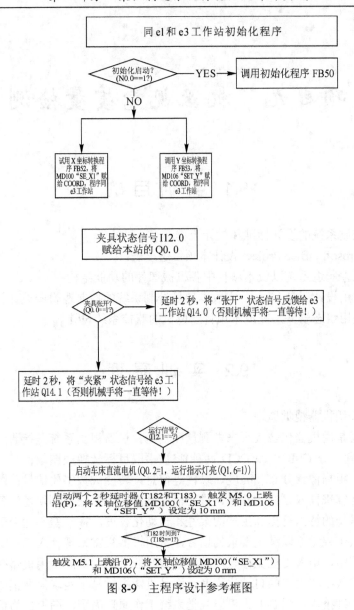

图 8-9　主程序设计参考框图

# 课后思考题

1. 如果加工机床工件脱落，应该如何设计程序框图？
2. 如何用机器视觉代替人来进行质量检测？技术难点在哪里？

# 项目九　机器视觉质量检测

## 9.1　实训目的

(1) 了解控制系统的设计标准和设计流程；

(2) 用 Microsoft Office Project 设计本项目进度表；

(3) 熟悉柔性制造系统以及本项目中各机械部件的功能结构；

(4) 掌握常用设计工具 Visio，完成本项目控制系统的控制逻辑图设计；

(5) 学会使用组态软件，完成本项目上位机的监控系统设计。

## 9.2　实训原理

下面主要介绍机器视觉原理。

机器视觉就是用机器代替人眼来做测量和判断。机器视觉系统是指通过机器视觉产品(即图像摄取装置，分 CMOS 和 CCD 两种)将被摄取目标转换成图像信号，传送给专用的图像处理系统，根据像素分布和亮度、颜色等信息，转变成数字化信号；图像系统对这些信号进行各种运算来抽取目标的特征，进而根据判别的结果来控制现场设备的动作。

机器视觉系统的特点是提高生产的柔性和自动化程度。在一些不适合于人工作业的危险工作环境或人工视觉难以满足要求的场合，常用机器视觉来替代人工视觉；同时在大批量工业生产过程中，用人工视觉检查产品质量效率低且精度不高，用机器视觉检测方法可以大大提高生产效率和生产的自动化程度；而且机器视觉易于实现信息集成，是实现计算机集成制造的基础技术。图 9-1 为机器视觉系统工作原理简图，图 9-2 为机器视觉检测装置组成示意图。

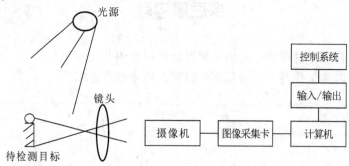

图 9-1　机器视觉系统工作原理简图

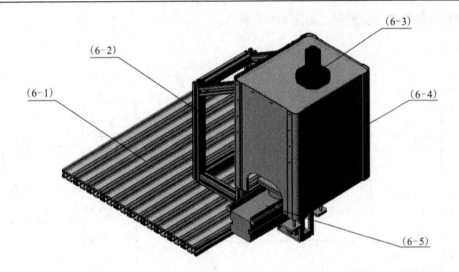

(6-1)—型材桌面；(6-2)—型材支撑框架；(6-3)—机械视觉；(6-4)—视觉屏蔽体；(6-5)—视觉检测工位

图 9-2　机器视觉检测装置组成示意图

# 9.3　实 训 内 容

## 9.3.1　控制功能设计说明

控制功能的设计如下：

- 采集条码扫描数据；
- 检测到物料进入后(由 I0.0 触发)，发出拍照命令，并采用 S_CU 模块进行合格产品的计数 C0(由 I1.0 触发)，进料计数 C1(由 I0.0 触发)和不合格产品的计数 C2(由 I1.1 触发)；
- 如果工件合格，Q1.6 置位 1 秒。当 I1.0=1 时，T20 断开。程序段 N6 中的常闭触发 Q1.6(闪一下)；
- 如果工件不合格，Q1.7 置位 1 秒。当 I1.1=1 时，T21 断开。程序段 N7 中的常闭触发 Q1.7(闪一下)；
- 托盘小车到达检测系统时，视觉系统开始检测并将信息传给主机，托盘小车向热处理的位置上运行。

## 9.3.2　控制器硬件设计

根据本工序的控制需求，控制器硬件选型如下：

- 电源模块 PS 307(10A)(6ES7 307-1KA00-0AA0)。
- 中央处理单元 CPU 315-2DP(6ES7 315-2AF03-0AB0)。
- 数字量输入模块 SM321 DI16xDC24V(6ES7 321-1BH01-0AA0)。
- 数字量输出模块 SM322 DO16xDC24V/0.5A(6ES7 322-1BH01-0AA0)。

控制器硬件接线原理图，如图 9-3 所示。

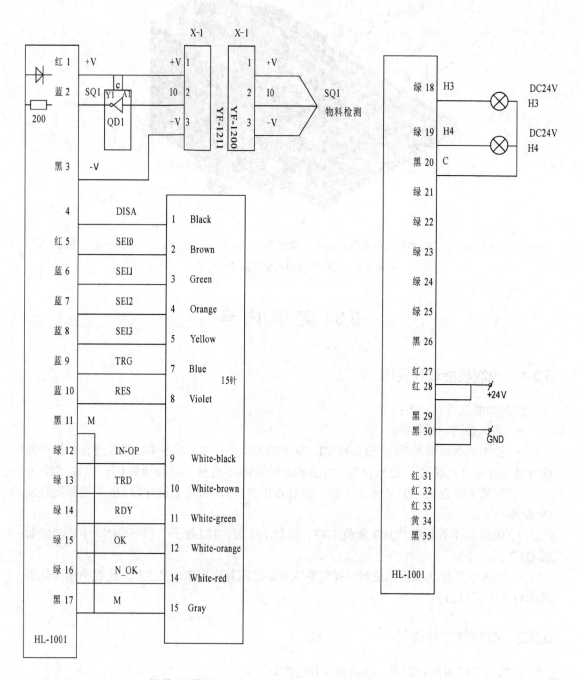

视觉CCD检测

图 9-3  控制器硬件接线原理图

设计形成的控制器状态变量表见表 9-1。

**表 9-1 控制器状态变量表**

| 符 号 | 地 址 | 注 释 | 备 注 |
|---|---|---|---|
|  | I0.0 | 进料检测信号 | 来自 OMRON 接近开关 SQ1 |
| zq | I1.0 | 工件合格信号 | 来自 SIEMENS 视觉系统 |
| bhg | I1.1 | 工件不合格信号 | 来自 SIEMENS 视觉系统 |
|  | I1.6 | 运行使能 | 来自 OMRON 接近开关 SQ2 |
|  | M6.0 | 计数器清零 | =1 清零 |
| ok | Q1.6 | 产品合格状态信号 | =1 合格 |
| N_ok | Q1.7 | 产品不合格信号 | =1 不合格 |

工作站柜内接线如图 9-4 所示。

1—断路器；2—PLC 控制单元；3—电气接口；4—电气线

图 9-4 工作站接线实物图

### 9.3.3 机器视觉应用程序操作说明

(1) 打开 IE，输入统一资源定位符(URL)：http://192.168.0.12，其中 192.168.0.12 为视觉传感器的 IP 地址。系统界面如图 9-5 所示。

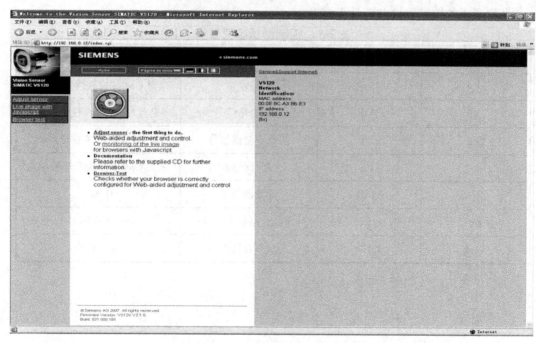

图 9-5　机器识别系统界面

(2) 点击左上角菜单中的 Adjust Sensor，如图 9-6 所示。

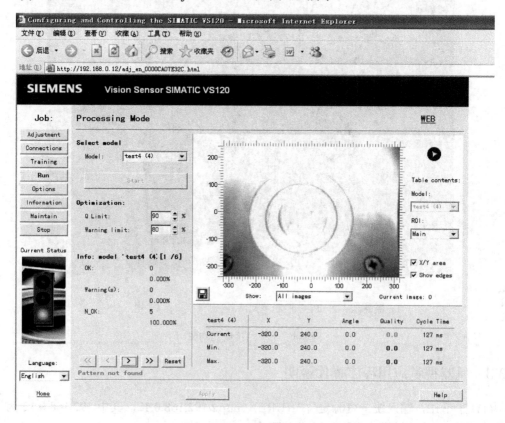

图 9-6　机器识别系统操作界面

(3) 在 job 菜单中选择 Adjustment，可观察到 CCD 拍摄的连续成像，同时可设置成像的各项参数，如焦距对准、快门速度、感光度等摄影参数。设置完成后，点击"Apply"保存参数，如图 9-7 所示。

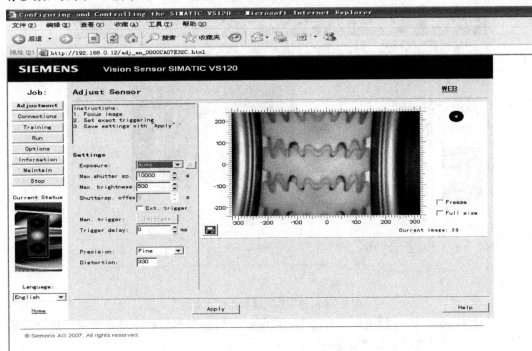

图 9-7　机器识别系统参数设置界面

(4) 在菜单 Connection 中可设置网络连接参数，如 IP 地址等，如图 9-8 所示。

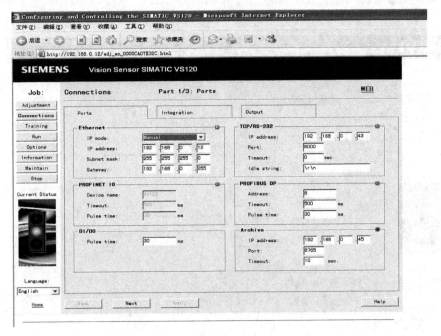

图 9-8　机器识别系统网络参数设置界面

(5) 在菜单 Training 中可进行标准样本的制作，如图 9-9 所示。

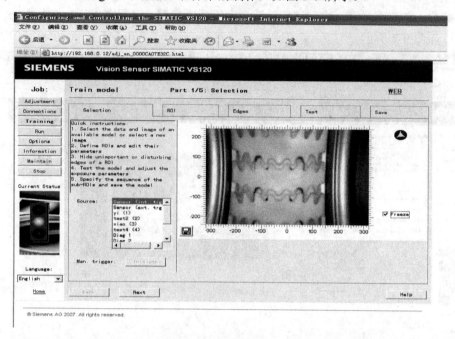

图 9-9　机器识别系统制作样本界面

点击"Freeze"停止拍照后，可点击"Edges"、"Test"等对样本进行测试。测试合格后，将新样本保存在样本库"Source"中。

(6) 选择 Run 菜单，可获得合格产品数、不合格产品数等检测结果，如图 9-10 所示。

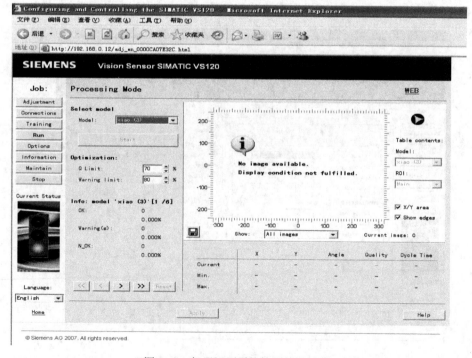

图 9-10　机器识别系统检测结果界面

（7）在 Information 中可看到机器视觉的检测数据报表，如图 9-11 所示。

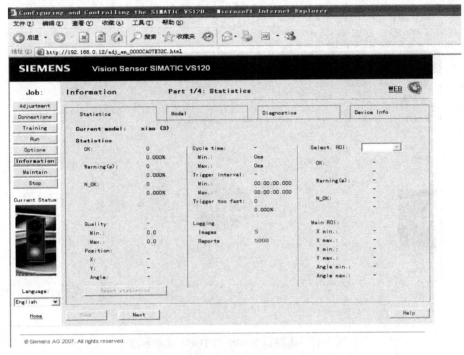

图 9-11　机器识别系统检测数据报表界面

（8）选择 Maintain 菜单可进行样本库的维护和管理，如图 9-12 所示。

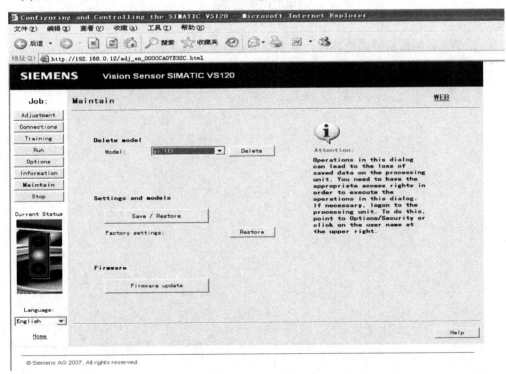

图 9-12　机器识别系统维护管理界面

(9) 选择 Stop 菜单可停止当前的视觉检测比较，如图 9-13 所示。

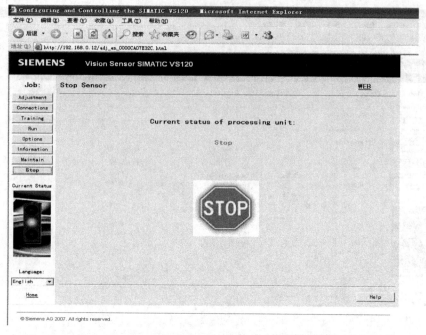

图 9-13　机器识别系统"STOP"菜单界面

# 课后思考题

1. 如果工件的质量缺陷在侧面，应该如何设计程序框图？
2. 预习金属热处理的工作原理。

# 项目十　自动化热处理单元控制系统

## 10.1　实训目的

(1) 了解控制系统的设计标准和设计流程；

(2) 用 Microsoft Office Project 设计本项目进度表；

(3) 熟悉柔性制造系统以及本项目中各机械部件的功能结构；

(4) 掌握常用设计工具 Visio，完成本项目控制系统的控制逻辑图设计；

(5) 学会使用组态软件，完成本项目上位机的监控系统设计。

## 10.2　实训原理

### 1. 工艺过程简介

热处理是将金属材料放在一定的介质内加热、保温、冷却，通过改变材料表面或内部的金相组织结构，来控制其性能的一种金属热加工工艺。热处理工艺一般包括加热、保温、冷却三个过程，有时只有加热和冷却两个过程。这些过程互相衔接，不可间断。

加热是热处理的重要工序之一。金属热处理的加热方法有很多，最早是采用木炭和煤作为热源，近来采用液体和气体燃料作为热源。电的应用使加热易于控制，且无环境污染。利用这些热源可以直接加热，也可以通过熔融的盐或金属，甚至浮动粒子进行间接加热。

金属加热时，工件暴露在空气中，常常会发生氧化、脱碳(即钢铁零件表面碳含量降低)，这对于热处理后零件的表面性能有很不利的影响。因而金属通常应在可控气氛或保护气氛中、熔融盐中和真空中加热，也可用涂料或将其包装起来进行保护加热。

加热温度是热处理工艺的重要工艺参数之一，选择和控制加热温度，是保证热处理质量的关键因素。加热温度随被处理的金属材料和热处理的目的不同而变化，但一般为了获得高温组织，都是加热到相变温度以上。另外，转变需要一定的时间，因此当金属工件表面达到要求的加热温度时，还须在此温度处保持一定时间，使内外温度一致，且使显微组织转变完全，这段时间称为保温时间。采用高能密度加热和表面热处理时，加热速度极快，一般就没有保温时间，而化学热处理的保温时间往往较长。

冷却也是热处理工艺过程中不可缺少的一个步骤，冷却方法因工艺不同而不同，主要是控制冷却速度。一般退火的冷却速度最慢，正火的冷却速度较快，淬火的冷却速度更快。但还因钢种不同而有不同的要求，例如空硬钢就可以用正火一样的冷却速度进行淬硬。

### 2．机械部分介绍

自动化热处理实训单元由型材桌面(3-1)和热处理加热炉机构(3-2)组成，热处理单元的原理图如图 10-1 所示。

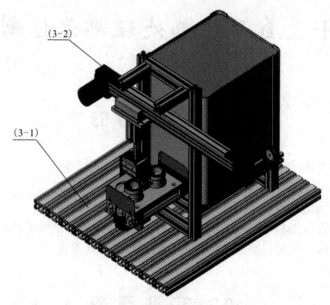

(3-1)—型材桌面；(3-2)—热处理加热炉机构

热处理单元(a)

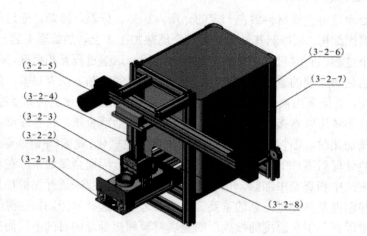

(3-2-1)—直线导轨；(3-2-2)—工件；(3-2-3)—大口径平行夹；(3-2-4)—升降气缸；
(3-2-5)—步进电机；(3-2-6)—密闭加热炉体；(3-2-7)—双轴心直线导轨；
(3-2-8)—差动气缸热处理单元(b)

图 10-1　热处理单元

热处理加热炉机构由直线导轨、工件、大口径平行夹、升降气缸、步进电机、密闭加热炉体、双轴心直线导轨、差动气缸等组成，通过步进电机将工件放入加热炉体小车中，由差动气缸将装有工件的小车送入密闭加热炉体中，随后炉体门闭合，对工件进行热处理。

控制柜接线参考图如图 10-2 所示。

1—断路器，代号 QF1；　　　2—PLC 控制单元，代号 ML；

3—电气接口，代号 MJ；　　　4—步进电机启动器，代号 MQ

图 10-2　控制柜接线参考图

## 10.3　实 训 内 容

### 10.3.1　控制功能设计说明

热处理单元控制功能设计如下：

- 门吊取原料定位控制设计。
- 加温时间和温度控制设计。
- 加热仓出料控制设计。
- 门吊放产品定位控制设计。
- 与主站的联系与控制信号设计。

### 10.3.2　控制器硬件设计

根据本工序的控制需求，控制器硬件选型如下：

- 电源模块 PS 307(10A)(6ES7 307-1KA00-0AA0)。
- 中央处理单元 CPU 315-2DP(6ES7 315-2AF03-0AB0)。
- 数字量输入模块 SM321 DI16xDC24V(6ES7 321-1BH01-0AA0)。
- 数字量输出模块 SM322 DO16xDC24V/0.5A(6ES7 322-1BH01-0AA0)。

控制器硬件接线原理图，如图 10-3 所示。

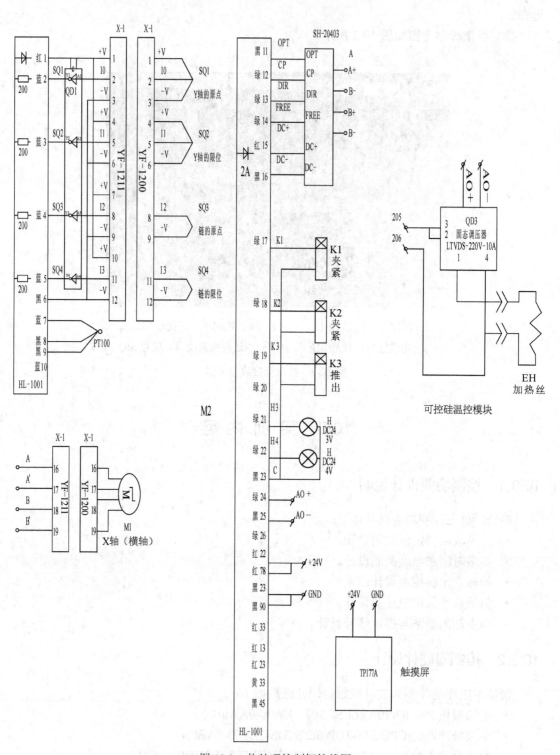

图 10-3　热处理控制柜接线图

设计形成的控制器状态变量表见表 10-1。

### 表 10-1　控制器状态变量表

| 符　号 | 地　址 | 注　释 | 备　注 |
|---|---|---|---|
| X_HOME | I1.0 | 门吊在 X 轴原点信号 | 来自 OMRON 接近开关 SQ1 |
| X_LIMIT | I1.1 | 门吊 X 轴限位信号 | 来自 OMRON 接近开关 SQ2 |
| SQ3 | I1.2 | 进料到达信号 | 来自光电传感信号 |
| X OK | M1.0 | 门吊 X 轴到位 | |
| T_RUN | M1.1 | 加温状态 | |
| SE_X | MD106 | 门吊 X 轴驱动位移值 | |
| temperature | MW12 | 加热仓内的实际温度值 | PT100 测温 |
| sv temp | MW18 | 温度设定值 | 触摸屏设置 |
| ev time | MW20 | 加热计时变量 | |
| sv time | MW22 | 加热时间设定 | 触摸屏设置 |
| SHENG | Q1.0 | 门吊抓手上下 | =1 下降；=0 上升 |
| ZHUA | Q1.1 | 抓手 | =1 抓住；=0 松开 |
| SHENG1 | Q1.2 | 门吊水平移动 | =1 向传输线伸出；=0 收回到原点 |

## 10.3.3　控制器应用程序设计

根据 10.3.1 小节的控制需求，设计控制器应用程序设计参考框图如图 10-4～图 10-6 所示。

(1) 主程序 OB1 设计。

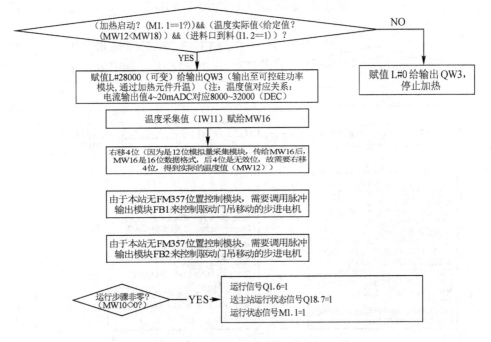

图 10-4　主程序 OB1 设计参考框图

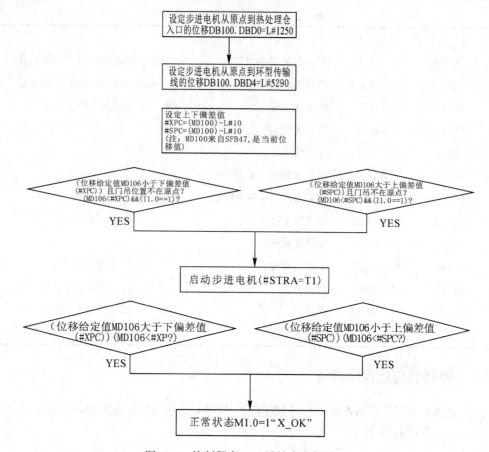

图 10-5　控制程序 FB1 设计参考框图(1)

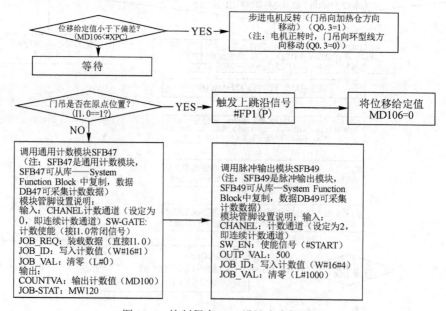

图 10-6　控制程序 FB1 设计参考框图(2)

(2) 控制程序 FB2 设计，如图 10-7～图 10-18 所示。

NetWork1：等待主站控制命令

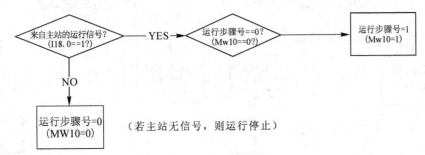

（若主站无信号，则运行停止）

NetWork2：控制状态复位，准备

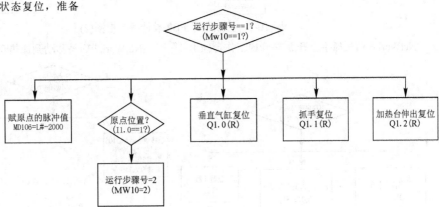

NetWork3：门吊去拿进料工件

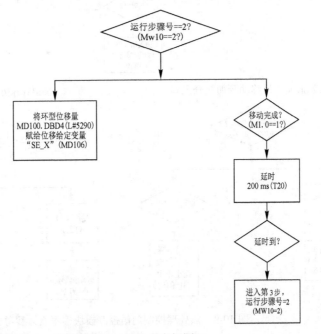

图 10-7　控制程序 FB2 设计参考框图(1)

NetWork4:门吊抓手垂直下降,去拿小车上的工作          NetWork5:门吊抓手合拢,抓住工作

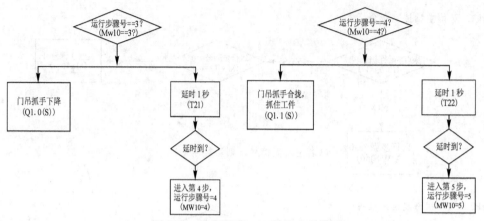

图 10-8　控制程序 FB2 设计参考框图(2)

NetWork6:门吊抓手上升,加热仓内工作台伸出          NetWork7:门吊移动到加热仓入口

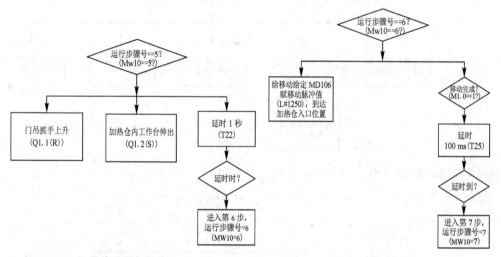

NetWork8:门吊移动到加热仓入口          NetWork9:门吊抓手松开

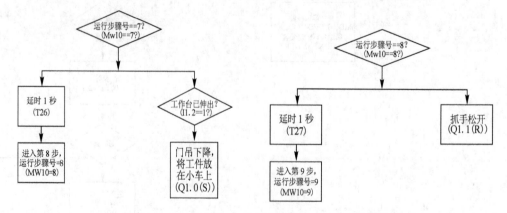

图 10-9　热处理控制门吊控制模块程序设计参考框图(1)

NetWork10：门吊上升　　　　　　　　NetWork11：门吊移动到加热仓入口

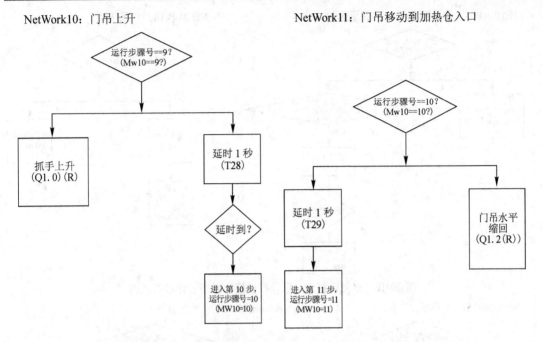

图 10-10　热处理控制门吊控制模块程序设计参考框图（2）

NetWork12：热处理时间控制

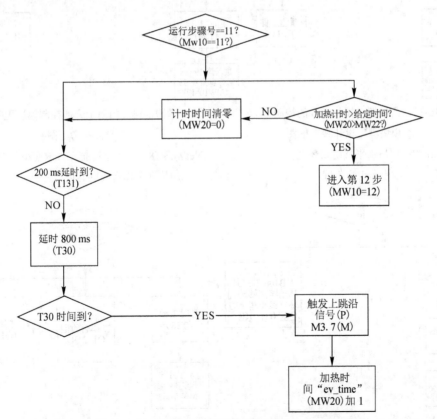

图 10-11　热处理时间控制模块程序设计参考框图

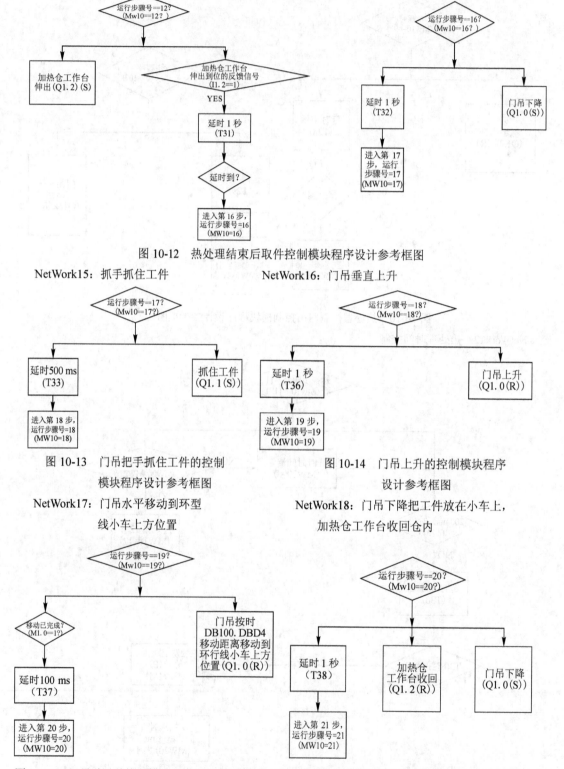

图 10-12　热处理结束后取件控制模块程序设计参考框图

图 10-13　门吊把手抓住工件的控制
模块程序设计参考框图

图 10-14　门吊上升的控制模块程序
设计参考框图

图 10-15　门吊移动的控制模块程序设计参考框图　　图 10-16　加热仓收回的控制模块程序设计参考框图

NetWork19：门吊抓手松开　　　　　　　　NetWork20：门吊上升

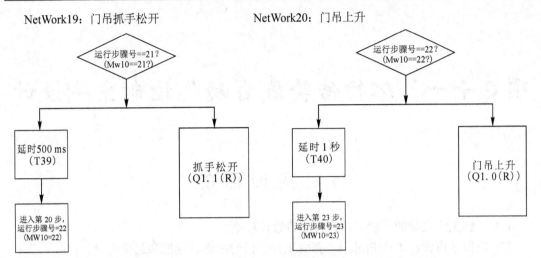

图 10-17　门吊送料至小车及上升控制的模块程序设计参考框图

NetWork21：门吊水平返回原点，向主站发送热处理结束信号。

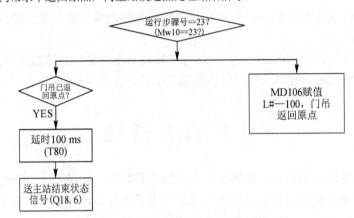

图 10-18　门吊复位模块程序设计参考框图

(3) OB10 初始化参数设定模块程序，如图 10-19 所示。

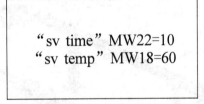

图 10-19　初始化参数设定模块程序(OB10)的参数设定

# 课后思考题

1. 如果门吊没有抓到工件，应该如何设计程序框图？
2. 预习环行传输线的工作原理。

# 项目十一　环行传输线自动化控制系统设计

## 11.1　实训目的

(1) 了解工程设计的一般方法、程序、设计标准；

(2) 掌握常用设计工具 Project，完成工程项目的内容、标准和进度表设计；

(3) 掌握常用设计工具 Solidworks，完成环行传输线系统的机械零件、装配和工程设计图的设计；

(4) 掌握常用设计工具 Visio，完成环行传输线系统的电气控制系统硬件集成和控制系统控制逻辑图的设计；

(5) 学会使用 WINCC flexible，完成环行传输线系统的监控系统的设计；

(6) 熟悉柔性制造系统以及环行传输线系统中各部件的功能结构。

## 11.2　实训原理

环行传输线系统结构简单，能够分拣不同颜色的物料，实现了全自动化的分拣模式。它模拟了现代设备中的自动化分拣系统，合理利用了现有的设备资源，满足了新生产工艺的需求，符合节约人力资源、提高劳动生产效率这一基本要求。

环行传输线系统和上料小车的机械设计如图 11-1 和图 11-2 所示。

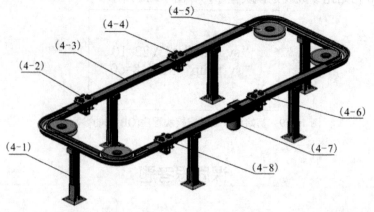

(4-1)—型材立柱；(4-2)—机械手上料工位；(4-3)—工业特种链；(4-4)—视觉检测工位；

(4-5)—转角同步转盘；(4-6)—热处理上、下料工位；(4-7)—交流电机；(4-8)—立体仓库上、下料工位

图 11-1　环行传输线系统机械设计

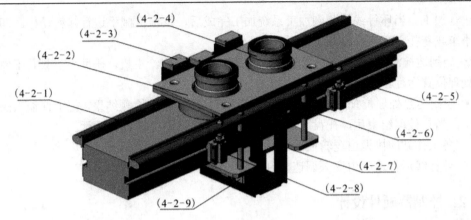

(4-2-1)—型材挡边；(4-2-2)—托盘小车；(4-2-3)—检测传感器；(4-2-4)—工件；(4-2-5)—线体专用型材；
(4-2-6)—直线导轨；(4-2-7)—同步升降机构；(4-2-8)—阻挡气缸；(4-2-9)—升降气缸

图 11-2　上料小车机械设计

机械手上料工位机构由型材挡边、托盘小车、检测传感器、工件、线体专用型材、直线导轨、同步升降机构、阻挡气缸、升降气缸等组成，机械手上料工位机构的主要作用是使托盘小车实现精确定位，并使运动链条与托盘小车实现运动分离。

控制柜内部布置图如图 11-3 所示。

1—断路器，代号 QF1；

2—PLC 控制单元；代号 ML；

3—电气接口，代号 MJ；

4—继电接口 1，代号 X1；

5—继电接口 2，代号 X2；

6—继电接口 3，代号 X3；

7—变频器驱动单元，代号 MQ；

8—电源插座，代号 MP

图 11-3　控制柜内部布置图

现场总线系统的网络拓扑如图 0-7 所示。

# 11.3　实训内容

## 11.3.1　控制功能的设计说明

环行传输线系统的控制要点如下：

· 当托盘小车到达自动存储系统时，变频器开始低速运行，如果托盘小车上没有工件，则发出出库指令，否则根据质量检测结果发出入库指令；出库完成后托盘小车载着托盘高速向加工位置运行。

· 当到达加工位置后，变频器低速运行，此时开始检测加工系统是否就绪，如果就绪则发出指令让机械手进行上料动作，当机械手上料完成后，发出加工指令，加工系统根据指令进行加工。当环行线检测到加工系统加工完成后，发出机械手进行卸料动作。卸料后托盘小车载着托盘高速往检测位置运行。

- 当到达检测位置时，视觉开始检测，并将结果反馈给主机。托盘小车载着工件高速往热处理位置运行。
- 当到达热处理位置上时，变频器低速运行，此时开始检测结果，把工件输入热处理单元中，当热处理结束后，托盘小车载着托盘高速往自动存储位置运行。
- 各工作站的协调由逻辑控制。
- 环行线运行速度由变频调速控制。

### 11.3.2 控制器硬件设计

根据本工序的控制需求，控制器硬件选型如下：

- 电源模块 PS 307(10A)(6ES7 307-1KA00-0AA0)。
- 中央处理单元 CPU 315-2DP(6ES7 315-2AF03-0AB0)。
- 数字量输入模块 SM321 DI16xDC24V(6ES7 321-1BH01-0AA0)。
- 数字量输出模块 SM322 DO16xDC24V/0.5A(6ES7 322-1BH01-0AA0)。

控制器硬件接线原理图，如图 11-4 所示。

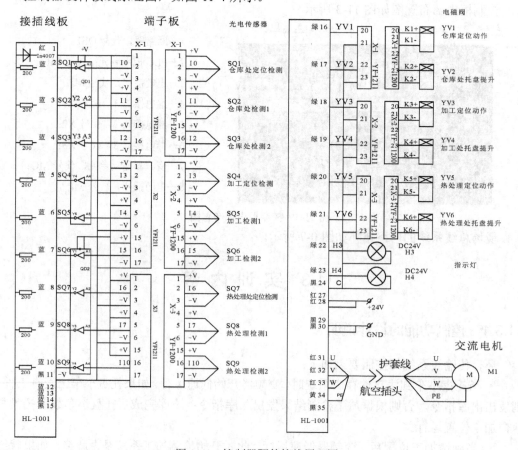

图 11-4　控制器硬件接线原理图

设计形成的环行传输线的状态变量表，见表 11-1。

### 表 11-1　环行传输线的状态变量表

| 符　号 | 地　址 | 注　释 | 备　注 |
|---|---|---|---|
| SQ1 | I0.0 | 托盘在仓库位置检测 | =1 到位 |
| SQ2 | I0.1 | 检测托盘在仓库位置上的第一个料块 | =1 有料；=0 无料 |
| SQ3 | I0.2 | 检测托盘在仓库位置上的第二个料块 | =1 有料；=0 无料 |
| SQ4 | I0.3 | 托盘在加工位置检测 | =1 到位；=0 无料 |
| SQ5 | I0.4 | 检测托盘在加工位置上的第一个料块 | =1 到位；=0 无料 |
| SQ6 | I0.5 | 检测托盘在加工位置上的第二个料块 | =1 到位；=0 无料 |
| SQ7 | I0.6 | 托盘在热处理位置检测 | =1 到位 |
| SQ8 | I0.7 | 检测托盘在热处理位置上的第一个料块 | =1 有料 |
| SQ9 | I1.0 | 检测托盘在热处理位置上的第二个料块 | =1 有料 |
| start | I1.6 | 运行使能 | =1 运行使能；=0 取消 |
| YV1 | Q0.0 | 托盘小车在仓库处制动 | =1 制动 |
| YV2 | Q0.1 | 托盘小车在仓库处定位 | =1 制动 |
| YV3 | Q0.2 | 托盘小车在加工处制动 | =1 制动 |
| YV4 | Q0.3 | 托盘小车在加工处定位 | =1 制动 |
| YV5 | Q0.4 | 托盘小车在热处理处制动 | =1 制动 |
| YV6 | Q0.5 | 托盘小车在热处理处定位 | =1 制动 |
| L | Q1.0 | 变频器低速 | =1 低速 |
| M | Q1.1 | 变频器中速 | =1 中速 |
| H | Q1.2 | 变频器高速 | =1 高速 |
| RUN | Q1.6 | 运行指示 | =1 运行；=0 停止 |
| ERR | Q1.7 | 故障指示 | =1 故障；=0 正常 |
| TP START | M1.0 | 启动(触摸屏用) | =1 启动 |
| TP STOP | M1.1 | 停止(触摸屏用) | =1 停止 |
| bad | M1.3 | 检测不合格 | =1 检测不合格 |

## 11.3.3　控制器应用程序设计

### 1. 主程序设计 OB1

根据 11.2.2 小节环行传输线系统的控制要点，设计程序参考框图，如图 11-5 所示。

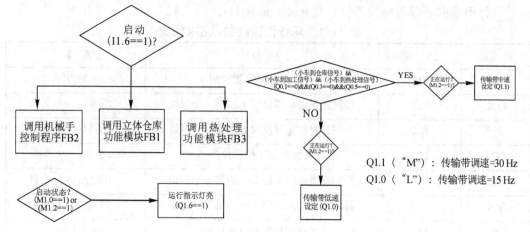

图 11-5　朋友主程序 OB1 设计参考框图

### 2. 环行传输线控制 FB1～FB3 模块设计参考框图

FB1、FB2、FB3 程序结构相似，功能相同，设计参考框图如图 11-6 所示。区别是输入输出状态的地址不同。

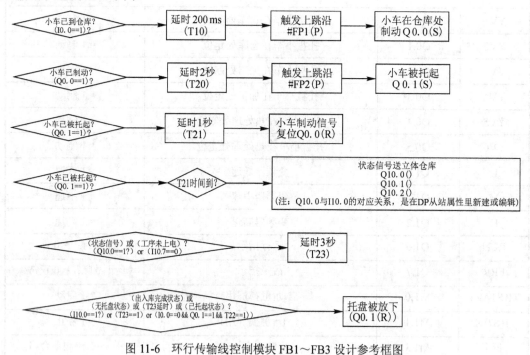

图 11-6　环行传输线控制模块 FB1～FB3 设计参考框图

# 课后思考题

1. 如果需要传输线速度连续可调，应该如何设计程序框图？
2. 如果需要实时显示和发送传输线的运行状态，应该如何设计程序框图？

# 项目十二 自动分拣控制系统设计与实践

## 12.1 实训目的

(1) 理解自动分拣控制系统的设计原理；

(2) 掌握常用设计工具 Visio，完成本项目控制系统的控制逻辑图和系统连接图设计；

(3) 熟悉 IEC 61131-3 的编程环境 MULTIPROG，掌握工程的创建，能创建多任务系统；

(4) 掌握梯形图(LD)语言，以及 I/O 的输入输出控制和程序的下载安装与调试；

(5) 强化工业安全意识，理解安全系统的概念，掌握安全回路的构成；

(6) 掌握安全光幕、安全扫描仪、紧急停止按钮、安全继电器等安全设备的使用方法。

## 12.2 实训原理

### 12.2.1 自动分拣系统流程描述

自动分拣系统一般包括滚筒输送带、机械手组件、气动控制以及自动化控制系统。自动分拣系统现场布置图如图 12-1 所示。

图 12-1 自动分拣系统现场布置图

### 12.2.2　自动分拣系统的控制需求

自动分拣系统主要由控制装置、分类装置、输送装置及分拣道口组成。

控制装置的作用是识别、接收和处理分拣信号，根据分拣信号的要求指示分类装置按滑块形状将其送达不同的分拣道口。不同位置的光纤传感器将感应到的信号输入到分拣控制系统中去，控制装置根据这些分拣信号，来判断滑块的形状。

分类装置的作用是识别控制装置发出的分拣指示，当具有相同分拣信号的滑块经过该装置时，该装置动作，将其放入不同的分拣道口。

输送装置的主要组成部分是传送带或输送机，其主要作用是使待分拣滑块通过控制装置到达分类装置所在的操作位置。

机械手和滚筒输送带的存在使得现场存在危险，需要设计相关的安全控制系统，保护现场操作人员或者维修人员的安全。安全控制系统设计要求包括以下几方面：

#### 1．风险评估

分拣系统的滚筒运输物品，机械手臂将不同的物品放置到不同的位置，结合真实现场环境，现场的危险主要来自于机械手臂、滚筒输送带，可以识别到的危险为机械性危险。

#### 2．风险减小

从前面的章节可以了解到风险减小可以采用风险减小过程迭代三步法，安全系统的设计也是基于这三步进行。

第一步：本质安全设计。滚筒运输的风险在于挤压、滚入危险，可以在滚筒上加入传输带(如图 12-2 所示)避免此危险，达到本质安全的设计，余下的风险还有机械手臂带来的风险。

图 12-2　传输带示意图

第二步：安全防护或补充保护措施。对于执行完第一步后余下的机械手臂的风险，可作如下处理：

① 利用围栏将危险区域围住,采用空间上的隔离方式隔离危险。考虑到工人会进行维护等方面的作业,有进入围栏的可能,因此只能设置三面围栏(如图 12-3 所示采用透明亚克力板),这也存在一定的风险。

图 12-3　三面围栏示意图

② 在底部加入安全扫描仪,划分不同的区域,当进入危险区域后,触发安全扫描仪(如图 12-4 所示),停止机器的运行。

图 12-4　安全扫描仪示意图

③ 安全扫描仪主要是二维平面的防护,可以在水平面实现防护,但垂直面还存在风险,因此在垂直面需加入安全光幕(如图 12-5 所示)。

④ 补充保护措施,加入急停按钮(如图 12-5 所示),当需要主动停止分拣系统时,可以按下紧急停止按钮。

图 12-5　安全光幕和急停按钮

第三步：使用信息。在区域内使用警告标识、报警指示灯(如图 12-6 所示)。

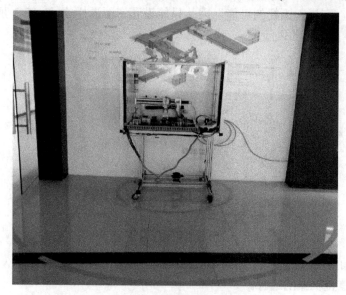

图 12-6　智能分拣系统整体图

# 12.3　实训内容

## 12.3.1　控制功能设计说明

智能分拣系统的状态变量表见表 12-1，表中各变量定义了状态变量名称及该变量描述的内容，反映了智能分拣系统的控制功能。

表 12-1　智能分拣系统的状态变量表

| 名　称 | 地　址 | 描　述 | 类型 | 用法 |
|---|---|---|---|---|
| 扫描复位 | %QX4.5 | 雷达安全继电器复位输出 | BOOL | VAR |
| 地垫复位 | %QX4.4 | 地垫安全继电器复位输出 | BOOL | VAR |
| 光幕复位 | %QX4.3 | 光幕安全继电器复位输出 | BOOL | VAR |
| 急停复位 | %QX4.2 | 急停安全继电器复位输出 | BOOL | VAR |
| 指示灯绿 | %QX1.2 | 指示灯信号输出(绿色) | BOOL | VAR |
| 指示灯黄 | %QX1.1 | 指示灯信号输出(黄色) | BOOL | VAR |
| 指示灯红 | %QX1.0 | 指示灯信号输出(红色) | BOOL | VAR |
| 传送 | %QX0.7 | 传送信号输出 | BOOL | VAR |
| 下降 | %QX0.6 | 下降信号输出 | BOOL | VAR |
| 抓住 | %QX0.5 | 抓取信号输出 | BOOL | VAR |
| 右移信号输出 | %QX0.4 | 右移信号输出 | BOOL | VAR |

续表一

| 名　称 | 地　址 | 描　述 | 类型 | 用法 |
|---|---|---|---|---|
| 左移信号输出 | %QX0.3 | 左移信号输出 | BOOL | VAR |
| 复位指示灯 | %QX0.2 | 复位状态输入(接入信号灯) | BOOL | VAR |
| 停止指示灯 | %QX0.1 | 停止状态输入(接入信号灯) | BOOL | VAR |
| 启动指示灯 | %QX0.0 | 启动状态输出(接入信号灯) | BOOL | VAR |
| 复位按钮 | %MX3.1000.0 | 复位按钮(中间变量) | BOOL | VAR |
| 地垫报警 | %IX3.0 | 地垫(外)安全继电器状态反馈(报警) | BOOL | VAR |
| 左移(停止) | %IX2.7 | 左移使能输入(手动状态) | BOOL | VAR |
| 右移(停止) | %IX2.6 | 右移使能输入(手动状态) | BOOL | VAR |
| 下降(手动) | %IX2.5 | 下降使能输入(手动状态) | BOOL | VAR |
| 抓取(手动) | %IX2.4 | 抓取使能输入(手动状态) | BOOL | VAR |
| 传送带(手动) | %IX2.3 | 传送带使能输入(手动状态) | BOOL | VAR |
| 停止按钮 | %IX2.1 | 停止信号输入 | BOOL | VAR |
| 启动按钮 | %IX2.0 | 启动信号输入 | BOOL | VAR |
| 右极限 | %IX1.3 | 抓手移动到右端极限位置 | BOOL | VAR |
| 左极限 | %IX1.2 | 抓手移动到左端极限位置 | BOOL | VAR |
| 到底端 | %IX1.1 | 抓手到达底部 | BOOL | VAR |
| 在顶端 | %IX1.0 | 抓手到达顶部 | BOOL | VAR |
| 抓取指示 | %IX0.7 | 抓手状态判断 | BOOL | VAR |
| 接近开关 | %IX0.6 | 抓手 X 轴位移判断 | BOOL | VAR |
| 物体进入 | %IX0.5 | 物体进入判断 | BOOL | VAR |
| 物体形状 | %IX0.4 | 物体形状判断 | BOOL | VAR |
| 扫描状态 | %IX0.3 | 雷达安全继电器状态反馈(急停) | BOOL | VAR |
| 地垫状态 | %IX0.2 | 地垫(里)安全继电器状态反馈(急停) | BOOL | VAR |
| 光幕状态 | %IX0.1 | 光幕安全继电器状态反馈(急停) | BOOL | VAR |
| 急停状态 | %IX0.0 | 急停安全继电器状态反馈(急停) | BOOL | VAR |
| 停止状态抓手抓住 | | | BOOL | VAR |
| Q10 | | | BOOL | VAR |
| Q11 | | | BOOL | VAR |
| 传送带打开(手动) | | | BOOL | VAR |
| TON_11 | | | TON | VAR |
| 完成一次分拣1 | | | BOOL | VAR |
| 完成一次分拣 | | | BOOL | VAR |

续表二

| 名　称 | 地　址 | 描　　述 | 类型 | 用法 |
|---|---|---|---|---|
| 结束物体下放 | | | BOOL | VAR |
| 抓手打开 | | | BOOL | VAR |
| TON_9 | | | TON | VAR |
| 下降(释放) | | | BOOL | VAR |
| 物体放下延时(启动) | | | BOOL | VAR |
| TON_8 | | | TON | VAR |
| 物体放下(启动) | | | BOOL | VAR |
| 结束左移(启动) | | | BOOL | VAR |
| 圆形 | | | BOOL | VAR |
| 左移(启动) | | | BOOL | VAR |
| 左移使能(启动) | | | BOOL | VAR |
| TON_7 | | | TON | VAR |
| TON_6 | | | TON | VAR |
| TON_5 | | | TON | VAR |
| 上升 | | | BOOL | VAR |
| 抓手抓住使能 | | | BOOL | VAR |
| 抓手抓住 | | | BOOL | VAR |
| 下降(抓取) | | | BOOL | VAR |
| 抓取 | | | BOOL | VAR |
| TON_4 | | | TON | VAR |
| 有物体(延时 1 s) | | | BOOL | VAR |
| 有物体 | | | BOOL | VAR |
| 传送带打开 | | | BOOL | VAR |
| 计数器值为 3 | | | BOOL | VAR |
| 计数器值为 2 | | | BOOL | VAR |
| TON_3 | | | TON | VAR |
| 停止 | | | BOOL | VAR |
| 停止开关 | | | BOOL | VAR |
| TON_2 | | | TON | VAR |
| 闪烁灯 | | | BOOL | VAR |
| 复位闪烁灯 | | | BOOL | VAR |
| TON_1 | | | TON | VAR |

续表三

| 名　称 | 地　址 | 描　述 | 类型 | 用法 |
|---|---|---|---|---|
| 结束初始化 | | | BOOL | VAR |
| 结束左移 | | | BOOL | VAR |
| 计数器值为 1 | | | BOOL | VAR |
| 计数器实际值 | | | INT | VAR |
| 计数器输出 | | | BOOL | VAR |
| 计数器复位 | | | BOOL | VAR |
| CTU_1 | | | CTU | VAR |
| 左移(初始化) | | | BOOL | VAR |
| 右移 | | | BOOL | VAR |
| 初始化 | | | BOOL | VAR |
| 初始化使能 | | | BOOL | VAR |
| 复位开关 | | | BOOL | VAR |
| 复位 | | | BOOL | VAR |
| 预操作状态 | | | BOOL | VAR |
| 启动 | | | BOOL | VAR |
| 启动开关 | | | BOOL | VAR |

## 12.3.2　控制器硬件设计

本项目采用符合 IEC 61131-3 国际标准的 CHENZHU CTOP 智能控制器，如图 12-7 所示。该产品的编程开发可使用 IEC 61131-3 规定的 5 种编程语言中的任意一种或者几种(支持语言混编)进行，用户可根据自己的习惯和行业的需求灵活选择。编程环境是免费的 MULTIPROG 开发环境。

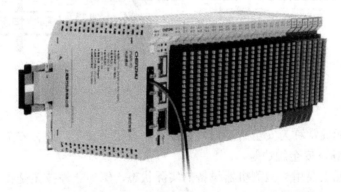

图 12-7　符合 IEC 61131-3 国际标准的 CTOP 智能控制器

智能控制器采用模块化的组合方式，主要模块分为三种，即电源模块、CPU 模块和 I/O 模块。根据项目的实际应用需求，这三个模块组合搭建成为一个智能控制的解决方案。

I/O 模块的类型包括：各种工业标准的 I/O 接口，例如模拟量输入、输出信号，开关量输入、输出信号，温度量等；符合行业标准规范的特殊 I/O 接口，例如应用在有爆炸性危险区域的工业安全防爆 I/O 接口，应用于机械安全领域的符合机械安全要求的 I/O 接口等。I/O 模块类型可以根据应用灵活组合，最大可支持 64 个 I/O 模块。I/O 模块采用超薄壳体，12 mm 厚，使得整个控制系统结构小巧、功能紧凑，可以方便地嵌入用户的应用系统中。智能控制器采用紧凑型的背板总线架构，所有模块(包括 CPU 模块)都通过背板总线供电和通信；通信端口丰富，支持 1 路 100 Mb/s 工业以太网、1 路 CAN 总线、2 路 RS232 总线、1 路 RS485 总线；支持所有通信端口同时工作；支持主流通信协议 Modbus RTU、Modbus TCP、CANOpen 等。

控制器编程有如下特征：

- 支持多任务创建(最多支持 5 个 Cycle 任务、1 个 Default 任务)；
- Cycle 任务最短执行周期为 5 ms；
- 平均执行单指令时间不大于 22 ns；
- 程序容量为 0.5 MB(相当于 80 000 步)；
- 变量支持中文命名。

### 12.3.3　安全控制系统设计

安全控制系统通常包括三个单元，即输入单元、逻辑单元、输出单元。典型的安全回路组成单元如图 12-8 所示。

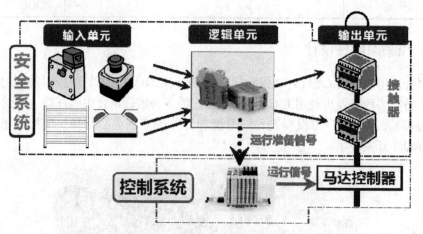

图 12-8　典型的安全回路设计

1. **输入单元**

(1) 输入单元通常称为安全传感器，包括急停按钮、安全门锁、安全光幕、安全扫描仪、双手操纵按钮、安全触边等。

(2) 输入单元主要用于检测机器设备的实际状态，例如急停按钮是否按下、安全光幕是否被遮挡等。

(3) 输出的信号类型可以是继电器触点式的(急停按钮、安全门开关等)，也可以是电子式的(如安全光幕、安全扫描仪，一般是 PNP 型输出)。

### 2．逻辑单元

(1) 安全系统的"核心"部分是逻辑单元，用于监测输入信号的状态变化，根据预先设计的逻辑关系，将逻辑结果输出给执行装置，并检测执行装置的正确运行。

(2) 常见的逻辑单元有安全继电器、安全 PLC、安全总线。一般在小型的安全系统中，安全继电器的应用居多，复杂的安全系统可以采用安全 PLC、安全总线等。

(3) 逻辑单元必须取得相关结构的安全认证，如 CE、UL、TUV 等。

### 3．输出单元

(1) 输出单元的作用主要是为了隔离危险。

(2) 通常会设计反馈回路，用于评估逻辑单元，以及对输出单元的实际动作进行监控。

安全控制系统中，采用 CZSR8001-3A1B 型安全继电器，急停按钮的接线图设计可参考图 12-9。

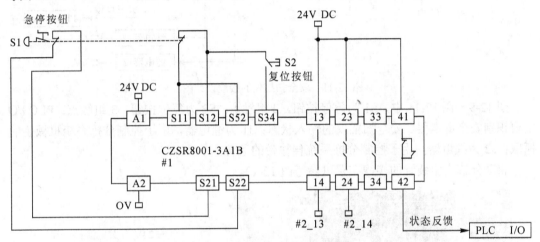

图 12-9　急停按钮的接线设计图

安全光幕选用 SICK 安全光幕 MAC4，安全光幕的接线设计可参考图 12-10。

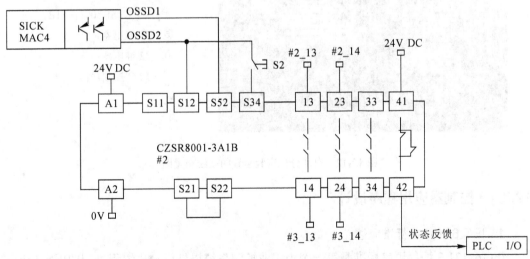

图 12-10　安全光幕的接线设计图

安全扫描仪采用 IDEC SE2L 型，安全扫描仪的接线设计可参考图 12-11。

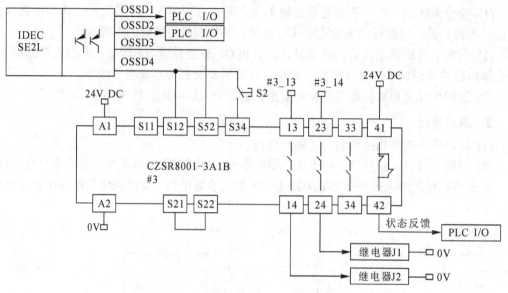

图 12-11　安全扫描仪的接线设计图

图 12-9～图 12-11 中，S1 为急停按钮，2 组触点；S2 为复位按钮，3 组触点；PLC I/O 主要识别安全继电器、安全扫描仪的输入状态；J1 为继电器，用于控制分拣系统机械手的抓取；J2 为继电器，用于控制分拣系统传输带的运转。

自动分拣实验装置的接线布置可参考图 12-12。

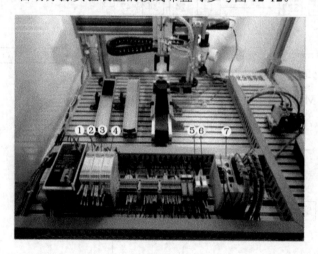

①—24V 开关电源；

②—#1_CZSR8001-3A1B；

③—#2_CZSR8001-3A1B；

④—#3_CZSR8001-3A1B；

⑤—J1 继电器；

⑥—J2 继电器；

⑦—PLC 控制器；

图 12-12　自动分拣实验装置的接线布置图

## 12.3.4　控制器应用程序设计

### 1. IEC 61131-3 标准概述

IEC 61131-3 编程语言标准是第一个为工业控制系统提供标准化编程语言的国际标准，该标准既成功地结合了现代软件的概念和现代软件工程的机制与传统 PLC 编程语言，又对当代种类繁多的工业控制器中的编程概念及语言进行了标准化，对可编程控制器软件技术的发展，乃至整个工业控制软件技术的发展，起着举足轻重的作用。自 IEC 61131-3 正式公布后，经过十多年的推广应用和不断完善，它已获得广泛的支持，在工业控制领域产生了重要的影响，被全球越来越多的制造商和客户所接受，并且成为了 DCS、PLC、IPC、PAC、运动控制以及 SCADA 的编程系统事实上的标准。该标准针对工业控制系统所阐述的软件设计概念、模型等，适应当今世界软件、工业控制系统的发展方向，是一种非常先进的设计技术。它极大地推进了工业控制系统软件设计的发展，对现场总线设备的软件设计也产生了很大的影响。符合 IEC 61131-3 标准的软件系统是一个结构完美、可重复使用、可维护的工业控制系统软件，它不仅能应用于可编程控制器，而且也能应用于流程过程和制造过程的软件设计中。

IEC 61131-3 的编程语言部分定义了两大类编程语言：文本化编程语言和图形化编程语言。其中文本化编程语言有两种，图形化编程语言有三种，如图 12-13 所示。

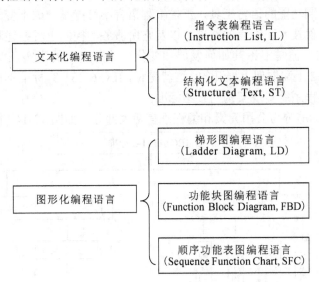

图 12-13　IEC 61131-3 定义的五种编程语言

IEC 61131-3 标准编程语言对程序中的数据类型进行了严格的定义。由于在以前的编程过程中，人们发现许多程序错误是由于在程序的不同部分，数据类型的表达不同及处理方法的不同所造成的，因此，在 IEC 61131-3 标准编程语言中严格定义了有关变量的数据类型，防止发生因对变量定义了不同数据类型而造成的错误。编程语言中对变量数据类型的定义，使程序的可靠性、可维护性和可读性大大提高。

IEC 61131-3 标准编程语言还支持数据结构的定义。由于该标准支持数据结构，因此，相关数据元素如果不是相同的数据类型，也可在程序的不同部分传送，类似于在同一实体内的传送。此外，在不同的程序组织单元之间传送的复杂信息，也可像传送单一变量一样。因此，IEC 61131-3 标准编程语言大大提高了程序的可读性，也保证了有关数据存储的准确性。

IEC 61131-3 标准编程语言规定对程序执行具有完全的控制能力。传统的可编程控制器对程序的执行是按扫描原理进行的，因此，不能实现对事件驱动的程序执行、程序的并行执行等。IEC 61131-3 标准编程语言允许程序的不同部分在不同的时间条件下，以不同的扫描速率并行执行。它允许对程序的不同部分规定不同的执行次数和执行时间，因此，对程序执行具有完全的控制权。

IEC 61131-3 标准编程语言已对整个控制领域形成了巨大的冲击。它不仅适用于 PLC 产品，也适用于运动控制产品、DCS 和基于工业 PC 的软逻辑、SCADA 等。其适用的市场领域正在不断扩大。采用符合 IEC 61131-3 标准编程语言的产品，已经成为工业控制领域的发展趋势。

IEC 61131-3 标准编程语言的制定对可编程控制器的发展，以及整个工业控制软件的发展，起到了十分重要的推动作用。因为，该标准是控制领域第一次制定的有关数字控制软件技术的编程语言标准。它的制定为可编程控制器走向开放系统奠定了坚实的基础，也为其他计算机控制装置数字控制软件的开发提供了统一标准。

工控编程语言是一类专用的计算机语言，建立在对控制功能和要求的描述和表达的基础上。作为实现控制功能的语言工具，工控编程语言不可能是一成不变的，其进步和发展必然受到计算机软件技术和语言的发展，以及它所服务的控制工程描述和表达控制要求与功能的方法的影响。但是不论其如何发展和变化，这些年来的事实证明，它总是在 IEC 61131-3 标准的基础上和框架上展开的。这就是说，IEC 61131-3 标准不仅仅是工控编程语言的规范，也是编程系统实现架构的参考标准。

IEC 61131-3 标准分为公用元素和编程语言两大部分，如图 12-14 所示。

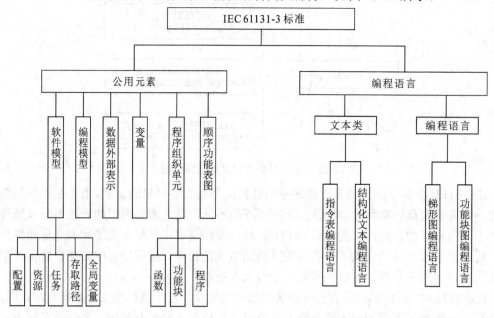

图 12-14　IEC 61131-3 标准公用元素和编程语言组成图

IEC 61131-3 标准的公用元素中还包括语言元素，如标识符、分界符、关键字符等。IEC 61131-3 标准将顺序功能表图作为公用元素，因为它的动作和转换条件可以用标准规定的其他 4 种编程语言来编程。可编程控制器的通信模型在 IEC 61131-5 中规定，在 IEC 61131-3 中仅作简单的说明。

## 2. IEC61131-3 基本数据类型

IEC 61131 定义的基本数据类型如表 12-2 所示。

### 表 12-2　IEC 61131 基本数据类型表

| 序号 | 关键字 | 数据类型 | 数据宽度/位 |
|------|--------|----------|-------------|
| 1 | BOOL | Boolean | 1 |
| 2 | SINT | Short integer | 8 |
| 3 | INT | Integer | 16 |
| 4 | DINT | Double integer | 32 |
| 5 | LINT | Long integer | 64 |
| 6 | USINT | Unsigned short integer | 8 |
| 7 | UINT | Unsigned integer | 16 |
| 8 | UDINT | Unsigned double integer | 32 |
| 9 | ULINT | Unsigned long integer | 64 |
| 10 | REAL | Real numbers | 32 |
| 11 | LREAL | Long reals | 64 |
| 12 | TIME | Duration | — |
| 13 | DATE | Date(only) | — |
| 14 | TIME_OF_DAT 或 TOD | Time of day(only) | — |
| 15 | DATE_AND_TIME 或 DT | Date and time of day | — |
| 16 | STRING | Variable-length single-byte character string | 8 |
| 17 | BYTE | Bit string of length 8 | 8 |
| 18 | WORD | Bit string of length 16 | 16 |
| 19 | DWORD | Bit string of length 32 | 32 |
| 20 | LWORD | Bit string of length 64 | 64 |
| 21 | WSTRING | Variable-length double-byte character string | 16 |

## 3. 编程环境 MULTIPROG 简介

本项目采用的集成开发平台 MULTIPROG 具有优异的人机交互界面，只需简单的几步操作即可创建一个工程。以下将描述从如何安装 MULTIPROG 到最终使用 MULTIPROG 自带的模拟 PLC 运行一个梯形图(LD)工程的内容。

打开 MULTIPROG 后，可以看到其只有一个主界面，根据功能的不同，被划分成不同的区域，如图 12-15 所示。

工具栏区域集合了用于代码编辑、调试特殊功能的命令；工程树则用于显示工程的结构和硬件的配置属性等；代码图形编辑区在编辑状态下用于编辑文本或者图形代码，在调试模式下用于在线显示变量的值和程序的运行状态；消息状态区用于打开制作工程、联机调试、显示运行程序时的各种信息。

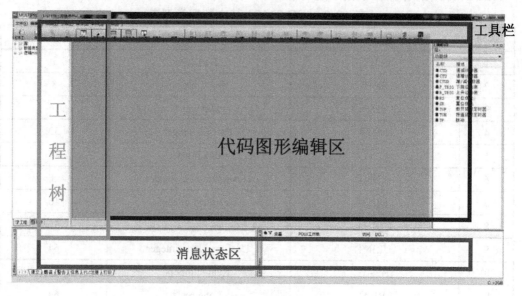

图 12-15　编程环境 MULTIPROG 主界面

以下用 IEC 61131-3 的编程环境 MULTIPROG 编写并调试自动分拣装置的逻辑及控制程序。

**4. 创建工程**

(1) 点击 MULTIPROG 主界面中左上角菜单中的文件，选择"新建工程"，如图 12-16 所示。

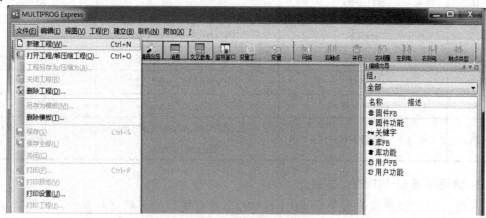

图 12-16　"新建工程"窗口

在向导窗口的"工程名称"框中输入"My_first_Project"，如图 12-17 所示。根据工程的命名规则，工程的名称和路径一定不能含有空格或特殊字符。"工程路径"输入框指明了工程保存的路径，初始状态下为默认路径，用户可以自行设置工程路径。完成后点击"下一步"按钮。

注：工程名称和路径中不能包含特殊字符，否则无法成功创建工程。

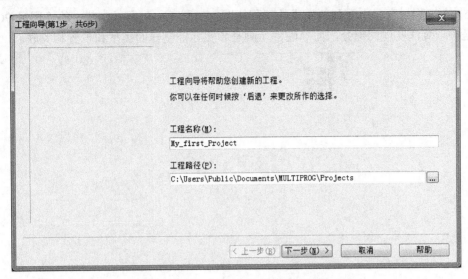

图 12-17　设置工程名称和保存路径

(2) 工程向导第二步对话框如图 12-18 所示。将第一个 POU 取名为"Main"，编程语言选择"梯形图(LD)"。点击"下一步"按钮。

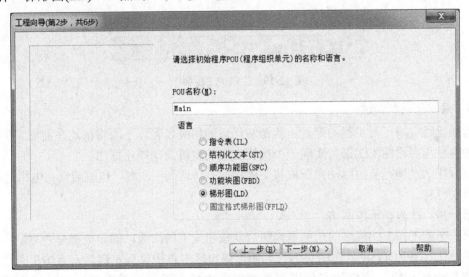

图 12-18　设定 POU 名称和编程语言

(3) 工程向导第三步和第四步为默认操作，系统已经自动配置，无需手动选择。

(4) 向导第五步用于指定任务的名称和类型。这里仍旧保持默认的名称"任务"，类型选择为"CYCLIC"，点击"下一步"按钮。

任务类型说明如下：

· DEFAULT 任务：相当于传统 PLC 中运行的任务(或者程序)，从控制器上电启动之后便一直循环往复地运行。

· CYCLIC 任务：顾名思义是周期性的任务，该类型任务具有一个重要属性——"运行间隔"，每隔这个间隔时间，任务即被投入运行。最快执行周期不允许小于 5 ms。

(5) 在工程树窗口中看到新生成的工程树图，如图 12-19 所示。其中的"逻辑 POU"节点是关于算法实现的部分，而"硬件"则是和实际控制器的类型和设置相关联。

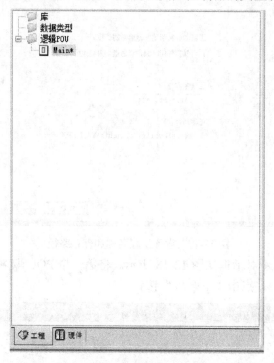

图 12-19　生成的工程树图

### 5. 编写代码和调试

前面已经完成了对工程的配置、资源和任务的相关设置，下面将描述在前面工作的基础上如何使用梯形图(LD)语言实现一个比较实用的电机启动停止程序。

该程序的功能是监测启动按钮被按下的次数，当达到三次时，电机启动；电机运行 20 秒后自动停转。

第一步：插入梯形图网络。

第一个梯形图(LD)网络的功能是判断启动按钮按下的次数，确定电机是否启动。

在 MULTIPROG 主界面中央的代码图形编辑区中点击鼠标左键后，点击工具栏中的"网络"命令按钮，这样就在代码图形编辑区中插入了一个梯形图网络，网络编号为"001"，如图 12-20 所示。

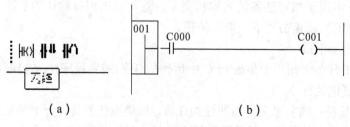

（a）　　　　　　　　　　　　　　　　（b）

图 12-20　插入梯形图网络

如需修改变量属性,可双击触点"C000",出现"触点/线圈属性"对话框,如图 12-21 所示。将变量名从其默认名称"C000"改为"Motor_Start"。

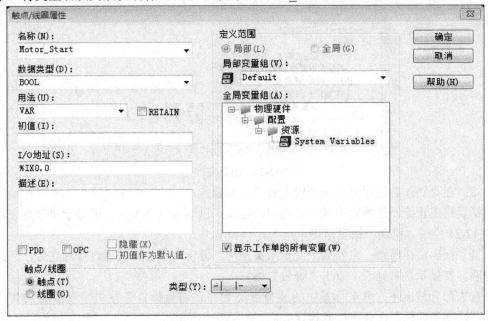

图 12-21　变量属性设置对话框

注:如果要将该变量声明成一个全局变量,使其可以在工程的每个 POU 中被使用,必须在"用法"中选择"VAR_GLOBAL"。这样,新声明的 VAR_GLOBAL 变量将被插入到资源的全局变量表格工作单的"默认"变量组中,同时本工作单中的变量将成为该全局变量的一个引用,即属性变为"VAR_EXTERNAL"。

为了连接外部 DI 点,需要为变量"Motor_Start"分配 PLC 上一个 DI 的地址。在"I/O 地址"输入框中填入"%IX0.0",表示第 1 个 DI 模块的通道为 0。

属性修改完成后点击"确定"按钮,代码图形编辑区中的图形如图 12-22 所示。

图 12-22　变量属性修改完成

第二步:工程制作和下载。点击工具栏中的"制作"图标,如图 12-23 所示。

图 12-23　"制作"图标

制作过程和结果会在主界面的消息窗口中动态显示，编译过程中的错误和警告信息记录在消息窗口的相应页面内。制作结果如图12-24所示。

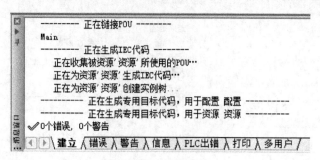

图12-24 消息窗口

注：在"制作"过程中可能会检测到错误和警告。

错误将阻止编译过程的完成，必须定位错误，以继续以下练习。要显示错误列表，点击图12-24中的"错误"标签即可。

警告指出潜在的问题，比如某个变量未被使用。警告并不阻止编译过程的完成，因此可以忽略。要显示警告列表，点击"警告"标签。

在大部分情况下，双击标签中的某个错误/警告，将直接打开发生编程错误/警告所对应的代码图形编辑页面并定位到错误处。

第三步：将工程下载安装到PLC。

首先配置电脑的本地连接 IP 地址。在工程树窗口中，右键点击"资源：eCLR_Simulation"节点，在弹出的快捷菜单中选择"设置…"菜单项，如图12-25所示。

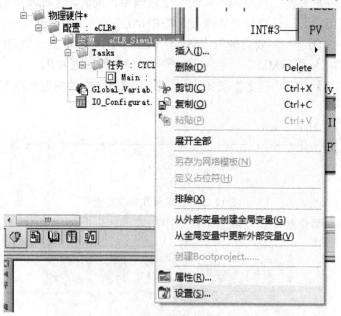

图12-25 资源右键菜单

按照图12-26所示，设置"类型"为"TCP/IP"，"建立设置"为"eCLR(Core 3.0.0)"，其他项保持默认，点击"确定"按钮关闭对话框。

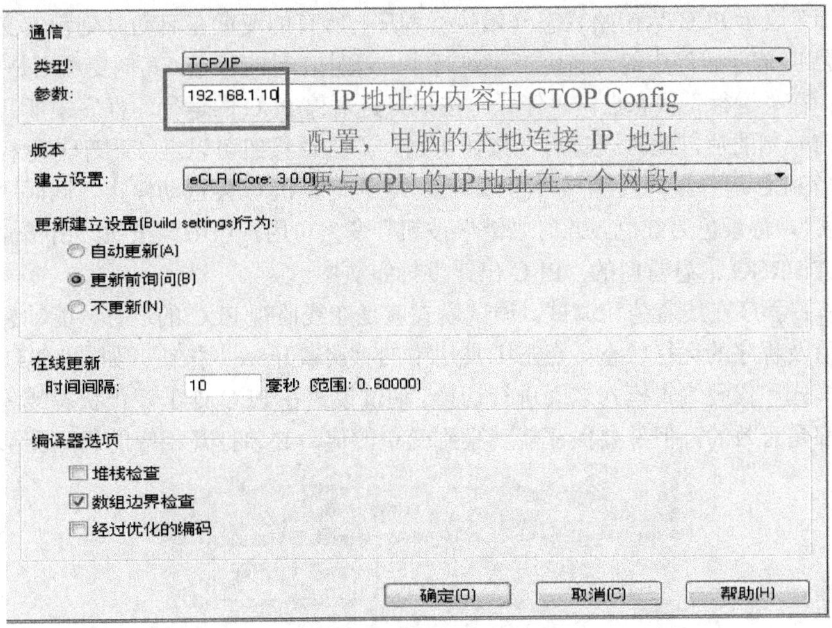

通信

类型： TCP/IP

参数： 192.168.1.10 IP 地址的内容由 CTOP Config

配置，电脑的本地连接 IP 地址

版本

建立设置： eCLR (Core: 3.0.0) 要与 CPU 的 IP 地址在一个网段！

更新建立设置(Build settings)行为：

○ 自动更新(A)

● 更新前询问(B)

○ 不更新(N)

在线更新

时间间隔： 10 毫秒 范围： 0..60000)

编译器选项

□ 堆栈检查

☑ 数组边界检查

□ 经过优化的编码

确定(O)　取消(C)　帮助(H)

图 12-26　资源设置对话框

点击工具栏中的"工程控制对话框"按钮，如图 12-27 所示。在弹出的工程控制对话框中点击"下装"按钮，如图 12-28 所示，下载过程就会启动，在 MULTIPROG 主界面最底下会显示下载进度条。当下载完成后，对话框中的"冷启"、"暖启"和"复位"按钮就会变成可用状态，同时 PLC 状态就会由"开"变成"停止"，如图 12-29 所示。点击"冷启"按钮后，所编写的程序就处于运行状态，同时 PLC 状态就会变成"运行"(背景为绿色)，如图 12-30 所示。

图 12-27　工程控制对话框按钮

图 12-28　工程控制对话框

图 12-29　下载完成

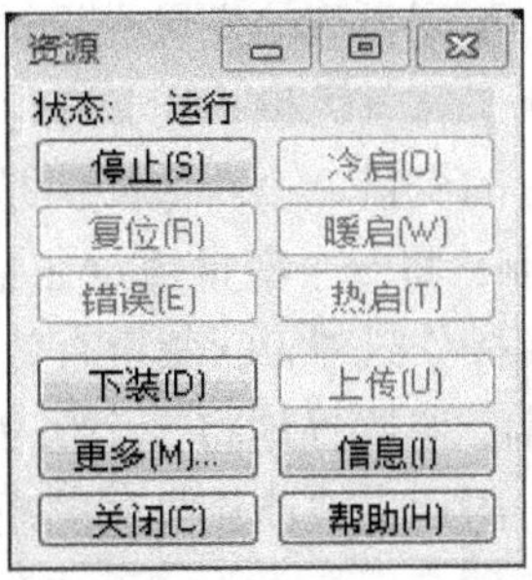

图 12-30　PLC 处于运行状态

"冷启"表示 PLC 从初始状态开始执行程序，所有的变量在启动时刻都定义的是初始值；而"暖启"表示程序中的保持型变量维持上一次停止时的状态，其他变量则是初始状态。

提示：在"运行"状态点击"停止"按钮只是暂停 PLC 的运行，程序中所有的变量都保持停止前一刻的值，此时"暖启"按钮可用，点击该按钮可以继续程序的运行。

注：当 PLC 运行期间发生异常(例如除数为零)时，PLC 会自动停止，同时"状态"显示为"错误"，背景色为红色。此时"错误按钮"变为可用，点击该按钮，出错原因就会显示在 MULTIPROG 消息窗口的"PLC 出错"标签页中。

第四步：程序在线监控和调试。调试模式就是在线监视 PLC 的运行，能动态地观察各个变量的值及程序的运行状态。点击工具栏中的"调试开/关"按钮，如图 12-31 所示，可以在调试模式和代码编辑模式之间进行切换。调试模式在 PLC 处于停止状态或者是处于运行状态下都是有效的，但是要保证能观察到变量的值，必须打开相应的代码图形编辑区。

图 12-31　"调试开/关"按钮

点击工程控制对话框中的"冷启"按钮，并切换到调试模式，在代码图形编辑区中就可以观察到程序中各个变量的值，如图 12-32 所示。

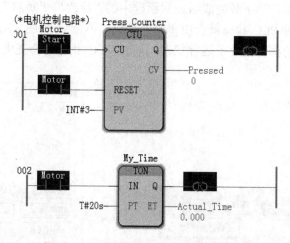

图 12-32　调试模式下代码图表编辑区显示

提示：不同类型的变量在调试模式下其颜色是不同的，而且对于 BOOL 类型的变量，其不同的状态背景色也不同。在联机模式下，可以对变量进行强制或覆盖操作。两种操作都赋给相应的变量一个新值，但是其适用的场合并不相同。

• 强制：将一个变量锁定在某个值上，在强制期间该变量都维持该值不变，直到复位强制。强制操作只对 I/O 变量有效。

• 覆盖：临时性地将一个值传递给对应的变量，该变量在当前扫描周期中保持该值不变，在下一周期将被计算得到的新值代替。覆盖操作没有变量的类型限制。

**说明：** 强制和覆盖一个变量的操作方法是基本相同的，下面以强制"Motor_Start"变量为例进行说明：

① 打开调试模式；

② 双击变量"Motor_Start"出现"调试：资源"对话框；

③ 选择单选按钮"TRUE"，然后点击"强制"，"Motor_Start"将被强制为"TRUE"；

④ 再次双击"Motor_Start"，在"调试：资源"对话框中点击"复位强制列表"，取消强制"Motor"变量；

⑤ 双击第 001 号梯形图网络中的"Motor"线圈，然后点击"覆盖"，这时会启动"M_Time"；20 秒后，在第 002 号梯形图网络中的"Motor"线圈将被复位，如图 12-33 所示。

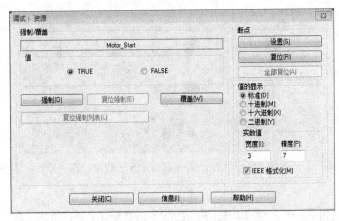

图 12-33　变量操作对话框

注：在对变量进行强制和覆盖操作时，需要注意所赋的值对程序的运行可能产生的影响。因为这两个操作可能导致程序的崩溃或者 PLC 的异常情况发生。

# 课后思考题

1. 安全控制系统中的安全光幕是否可以被其他安全元件替换？请给出相关分析。
2. 安全控制系统中的安全继电器是否可以使用普通继电器进行替代？
3. IEC 61131-3 的编程语言由哪几类、哪几种组成？
4. 标准编程语言需要具备怎样的特点？

# 附　　录

## 附录 1　柔性制造实验系统操作面板标识图

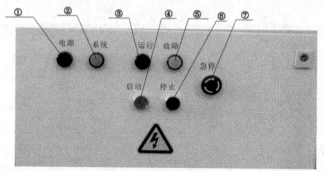

①—电源；②—系统；③—运行；④—启动；⑤—故障；⑥—停止；⑦—急停

## 附录 2　柔性制造实验系统柜体电源接线

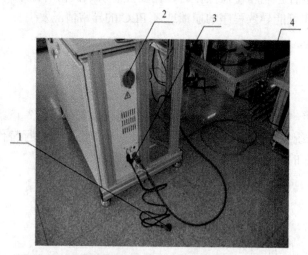

1—交流三孔插头；2—紧急停车旋钮；3—航空多芯插头；4—现场总线连接器
现场布置连接照片

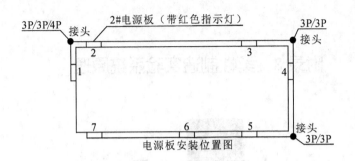

电源板安装位置图

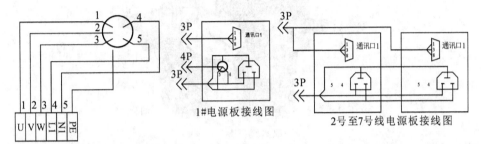

1#电源板接线图

2号至7号线电源板接线图

航空插头接线图（只有1号板有，
用于连接主站柜电源）

环行线电源布置图

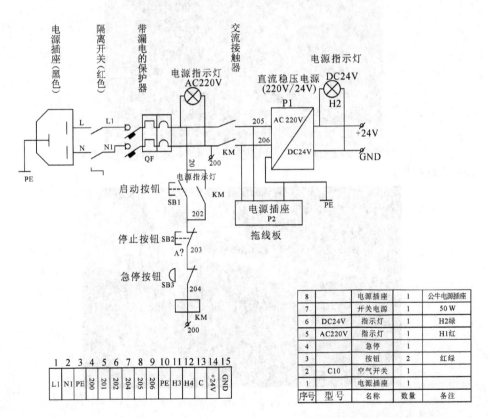

| 8 | | 电源插座 | 1 | 公牛电源插座 |
|---|---|---|---|---|
| 7 | | 开关电源 | 1 | 50 W |
| 6 | DC24V | 指示灯 | 1 | H2绿 |
| 5 | AC220V | 指示灯 | 1 | H1红 |
| 4 | | 急停 | 1 | |
| 3 | | 按钮 | 2 | 红绿 |
| 2 | C10 | 空气开关 | 1 | |
| 1 | | 电源插座 | 1 | |
| 序 号 | 型 号 | 名 称 | 数量 | 备 注 |

柜体电源系统接线原理图

## 附录 3　柔性制造实验系统原理

(1) 供气管路。

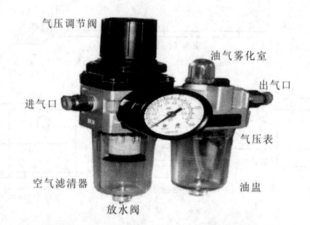

(2) 气源。

(3) 气缸结构。

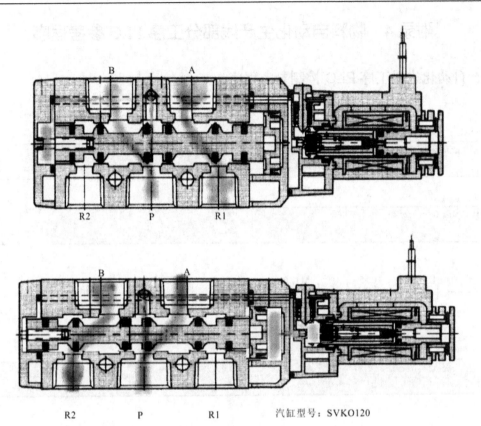

汽缸型号：SVKO120

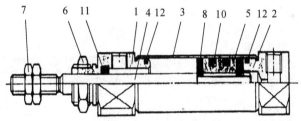

| 编号 | 名称 | 材料 | 编号 | 名称 | 材料 |
|------|------|------|------|------|------|
| 1 | 前端盖 | 铝合金 | 8 | 缓冲垫 | 橡塑 |
| 2 | 后端盖 | 铝合金 | 9 | Y形圈 | NBR（MITSUBISHI） |
| 3 | 缸筒 | 冷拔不锈铜管 | 10 | 防尘组合圈 | NBR（MITSUBISHI） |
| 4 | 活塞杆 | 不锈钢 | 11 | 缸筒密封圈 | NBR |
| 5 | 活塞 | 铝合金 | | | |
| 6 | 安装螺母 | 碳钢 | | | |
| 7 | 活塞杆螺母 | 碳钢 | | | |

# 附录4 物料自动化生产线部分工序 PLC 参考程序

## 一、自动化进料工序 PLC 控制参考程序

OBL : "Main Program Sweep(Cycle)"

Comment: 主程序

Network 1: 启动

Comment:

```
   T0.1        T0.5        M1.0                M0.0
───┤ ├────────┤/├────────┤/├────────────────( )───
```

Network 2: 状态记录

Comment:

```
   M0.0        I0.0                            M0.1
───┤ ├────────┤ ├────────────────────────────( )───
```

Network 3: 启动电机

Comment:

```
   M0.1        I0.6                            Q4.3
───┤ ├───┬────┤/├────────────────────────────( )───
          │                                    Q4.4
          │                                   ─( )───
          │    M0.2                            Q4.5
          ├────┤/├────────────────────────────( )───
          │                                    Q4.6
          │                                   ─( )───
          │    M0.2                            Q4.7
          └────┤ ├────────────────────────────( )───
```

Network 4: 状态记录

Comment:

```
    M0.1      I0.3                M1.0
----| |------|/|----------------( )----
```

Network 5: 状态记录

Comment:

```
    M0.1      I0.4                M1.0
----| |------|/|----------------( )----
```

Network 6: 状态记录

Comment:

```
    M0.1      I0.2                M1.0
----| |------|/|----------------( )----
```

Network 7: 模拟量控制输出

Comment:

```
              MOVE
             EN  ENO----------------
DB1.DBW0 ----IN  OUT---PQW304
```

Network 8: 模拟量控制输出

Comment:

```
              MOVE
             EN  ENO----------------
DB1.DBW2 ----IN  OUT---PQW306
```

Network 9:　　　　　开关量输出记录

Comment:

```
   I0.0                                      DB2.DBX0.0
───┤ ├──────────────────────────────────────( )───────
```

Network 10:　　　　　开关量输出记录

Comment:

```
   I0.1                                      DB2.DBX0.1
───┤ ├──────────────────────────────────────( )───────
```

Network 11:　　　　　开关量输出记录

Comment:

```
   I0.2                                      DB2.DBX0.2
───┤ ├──────────────────────────────────────( )───────
```

Network 12:　　　　　开关量输出记录

Comment:

```
   I0.3                                      DB2.DBX0.3
───┤ ├──────────────────────────────────────( )───────
```

Network 13:　　　　　开关量输出记录

Comment:

```
   I0.4                                      DB2.DBX0.4
───┤ ├──────────────────────────────────────( )───────
```

Network 14:　　　　　开关量输出记录

Comment:

```
   I0.5                                      DB2.DBX0.5
───┤ ├──────────────────────────────────────( )───────
```

Network 15:　　　　开关量输出记录

Comment:

```
     I0.6                                    DB2.DBX0.6
  ───┤├──────────────────────────────────────( )──────
```

Network 16:　　　　开关量输出记录

Comment:

```
     Q4.3                                    DB3.DBX0.3
  ───┤├──────────────────────────────────────( )──────
```

Network 17:　　　　开关量输出记录

Comment:

```
     Q4.4                                    DB3.DBX0.4
  ───┤├──────────────────────────────────────( )──────
```

Network 18:　　　　开关量输出记录

Comment:

```
     Q4.5                                    DB3.DBX0.5
  ───┤├──────────────────────────────────────( )──────
```

Network 19:　　　　开关量输出记录

Comment:

```
     Q4.6                                    DB3.DBX0.6
  ───┤├──────────────────────────────────────( )──────
```

Network 20:　　　　开关量输出记录

Comment:

```
     Q4.7                                    DB3.DBX0.7
  ───┤├──────────────────────────────────────( )──────
```

Network 21:　　　　　开关量输出记录

Comment:

```
     M1.0                                       DB3.DBX1.0
    ──┤ ├──────────────────────────────────────( )──
```

# 二、自动化清洗工序 PLC 控制参考程序

OBL : "Main program Sweep（Cycle）"

Comment:

Network 1: 对水压的采集

Comment:

```
   "M0.1"      ┌─MOVE──┐                      ┌─MOVE──┐
  ──┤ ├───────┤EN  EN0├──────────────────────┤EN  ENO├────────────
              │       │                       │       │
   "AT2"──────┤IN  OUT├──"MW1"    "MW1"───────┤IN  OUT├──DB1.DBWO
              └───────┘                       └───────┘
```

Network 2: 主程序

Comment:

```
    I1.0      "M0.2"    "DI2"     "DI3"     "DI1"     "M0.1"
  ──┤ ├───┬───┤/├───────┤/├───────┤/├───────┤/├───────( )──
          │
   "DI6"  │
  ──┤ ├───┘
```

Network 3: 电磁阀打开

Comment:

```
                    T1
   "M0.1"      ┌─S_ODTS─┐                    "D01"
  ──┤ ├───────┤S      Q├────────────────────( )──
              │        │
   S5T#5S─────┤TV    BI├── ...         "DB3.DBX0.0"
   "M0.1"     │        │                ( )──
  ──┤/├───────┤R   BCD├── ...
              └────────┘
```

Network 4：液压传动启动（要早于电磁阀喷水）

```
Comment:
```

```
    "M0.1"                                    "D02"
    ——| |——————————————————————————————————( )——
              |
              |                          "DB3.DBX0.1"
              |————————————————————————————( )——
```

Network 5：急停显示

```
Comment:
```

```
    "DI1"                                     "D06"
    ——| |——————————————————————————————————( )——
              |
              |                          "DB3.DBX0.5"
              |————————————————————————————( )——
```

Network 6：变频器故障

```
Comment:
```

```
    "DI2"                                     "D06"
    ——| |——————————————————————————————————( )——
              |
              |                               "D04"
              |——————————————————————————————( )——
              |
              |                          "DB3.DBX0.3"
              |————————————————————————————( )——
```

Network 7：急停显示

```
Comment:
```

```
    "DI3"                                     "D06"
    ——| |——————————————————————————————————( )——
              |
              |                               "D05"
              |——————————————————————————————( )——
              |
              |                          "DB3.DBX0.4"
              |————————————————————————————( )——
```

Network 8：水位采集

```
Comment:
```

```
    "M0.1"      MOVE                           MOVE
    ——| |——    EN   ENO————————————————————  EN   ENO——————
                                
         "AT1"—IN  OUT—"MW2"        MW2—IN  OUT—DB1.DBW2
```

Network 9: 高位报警

Comment:

```
  "M0.1"      CMP >1              "M0.2"
───┤├──────┤              ├──────────( )────
                                     "D03"
   DB1.DBW2─┤IN1          ├──────────( )────
                                  DB3.DBX0.2
      100─┤IN2            ├──────────( )────
```

Network 10: DI1

Comment:

```
  "DI1"                      DB1.DBX6.0
───┤├────────────────────────( )────
```

Network 11: DI2

Comment:

```
  "DI2"                      DB1.DBX6.1
───┤├────────────────────────( )────
```

Network 12: DI3

Comment:

```
  "DI3"                      DB1.DBX6.2
───┤├────────────────────────( )────
```

Network 13: DI4

Comment:

```
  "DI4"                      DB1.DBX6.3
───┤├────────────────────────( )────
```

Network 14: DI5

Comment:

```
    "DI5"                                    DB1.DBX6.4
  ---| |--------------------------------------( )---
```

Network 15: DI6

Comment:

```
    "DI6"                                    DB1.DBX6.5
  ---| |--------------------------------------( )---
```

在"OB35"中存入 PID 整定模块，程序如下：

OB35:"Cyclic Interrupt"

Network 1: PID整定模块

```
                                 DB8
                               "CONT_C"
              ┌─────────────────────────────────────┐
  ────────────┤ EN                              ENO ├────────
         ··· ─┤ COM-RST                         LMN ├─ ···
  M100.1      │                             LMN_PER ├─ DB2.DBW2
  M100.0      ┤ MAN_ON                      OLMN_HLM ├─ ···
  ──┤/├───────┤ PVPER_ON                    OLMN_LLM ├─ ···
         ··· ─┤ P_SEL                         LMN_P ├─ ···
         ··· ─┤ I_SEL                         LMN_I ├─ ···
         ··· ─┤ INT_HOLD                      LMN_D ├─ ···
         ··· ─┤ I_ITL_ON                         PV ├─ ···
         ··· ─┤ D_SEL                            ER ├─ ···
         ··· ─┤ CYCLE                               │
              │                                     │
         ··· ─┤ SP_INT                              │
         ··· ─┤ PV_IN                               │
  DB1.DBWO ───┤ PV_PER                              │
         ··· ─┤ MAN                                 │
         ··· ─┤ CAIN                                │
         ··· ─┤ TI                                  │
         ··· ─┤ TD                                  │
         ··· ─┤ TM_LAG                              │
         ··· ─┤ DEADB_W                             │
         ··· ─┤ LMN_HLM                             │
         ··· ─┤ LMN_LLM                             │
         ··· ─┤ PV_PAC                              │
         ··· ─┤ PV_OFF                              │
         ··· ─┤ LMN_FAC                             │
         ··· ─┤ LMN_OFF                             │
         ··· ─┤ I_ITLVAL                            │
         ··· ─┤ DISV                                │
              └─────────────────────────────────────┘
```

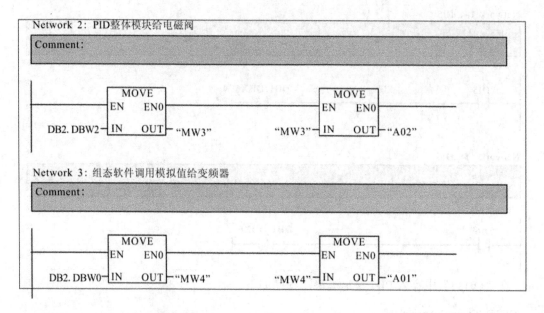

## 三、自动化清洗工序组态软件参考程序

```
/*急停*/
if(\\本站点\I04==1)
{\\本站点\I03=0;}


/*输送报警*/
if(\\本站点\M20==0)
{\\本站点\I03=0;}


/*防护报警*/
if(\\本站点\I01==0)
{\\本站点\I03=0;}


/*防护报警*/
if(\\本站点\I00==0)
{\\本站点\I03=0;}


/*故障报警*/
if(\\本站点\M01==0)
{\\本站点\I03=0;}


/*输送频率反馈显示*/
if(\\本站点\I03==1)
```

```
{\\本站点\PV1=\\本站点\SP1;}
else{\\本站点\PV1=0;}

/*水压反馈显示*/
if(\\本站点\I03==1)
{\\本站点\PV2=\\本站点\SP2;}
else{\\本站点\PV2=0;}

/*输送机给定动画演示的 3 档速度*/
if(\\本站点\I03==1)
{\\本站点\DH0=\\本站点\DH0+1;
\\本站点\Q41=1;}
else{\\本站点\DH0=0;
\\本站点\Q41=0;}

if(\\本站点\DH0>5)
{\\本站点\Q40=1;}
else{\\本站点\Q40=0;}

if(\\本站点\Q40==1)
{if(\\本站点\SP1<=30)
{\\本站点\move=1;}
else{\\本站点\move=0;}

if(30<\\本站点\SP1&&\\本站点\SP1<=60)
{\\本站点\move1=1;}
else{\\本站点\move1=0;}

if(60<\\本站点\SP1&&\\本站点\SP1<=100)
{\\本站点\move2=1;}
else{\\本站点\move2=0;}
}
else{\\本站点\move=0;
\\本站点\move1=0;
\\本站点\move2=0;}
/*水泵动画演示的 3 档喷水大小*/
if(\\本站点\Q41==1)
{if(\\本站点\SP2<=30)
{\\本站点\水压 1=1;}
```

```
else{\\本站点\水压 1=0;}

if(30<\\本站点\SP2&&\\本站点\SP2<=60)
{\\本站点\水压 2=1;}
else{\\本站点\水压 2=0;}

if(60<\\本站点\SP2&&\\本站点\SP2<=100)
{\\本站点\水压 3=1;}
else{\\本站点\水压 3=0;}
}
else{\\本站点\水压 1=0;
\\本站点\水压 2=0;
\\本站点\水压 3=0;}

/*高位报警的互锁设定*/
if((\\本站点\水位<=80)&&(\\本站点\Q41==1))
{\\本站点\水位=\\本站点\水位+1;
\\本站点\Q42=1;}
else
{
\\本站点\M20=1;
\\本站点\Q42=0;
\\本站点\水位=\\本站点\水位-25;}
```

## 四、自动化加热工序 PLC 控制参考程序

Network 1: 本工序启动

工序启动按钮按下后（DI5为1）时，2个防护报警都正常的情况下（D06、D07为1），本工序正式启动

```
    "DI5"      "DI4"      "D06"      "D07"      "D01"
 ───┤ ├───────┤/├───────┤ ├───────┤ ├────────( )───┤
```

Network 2: 防护状态1

防护状态1启动（DI2为1）后，防护报警启动（D06为1）

```
    "DI2"                              "D06"
 ───┤ ├───────────────────────────────( )───┤
```

Network 3：防护状态2

防护状态2启动（DI2为1）后，防护报警启动（D07为1）

```
   "DI3"                                    "D07"
 ──┤├──────────────────────────────────────( )──
```

Network 4：输送机启动

本工序启动后（DI1为1），输送机启动（D05为1）

```
   "D01"                                    "D05"
 ──┤├──────────────────────────────────────( )──
```

Network 5：三段加温控制

输送机启动后（D05为1），一段加温信号（DI6为1）时，一段加温控制启动（D02为1），二段加温信号（DI7为1）时，二段加温控制启动（D03为1），一段加温信号（DI8为1）时，一段加温控制启动（D04为1）

```
   "D05"      "DI6"                          "D02"
 ──┤├────┬────┤├────────────────────────────( )──
         │
         │    "DI7"                          "D03"
         ├────┤├────────────────────────────( )──
         │
         │    "DI8"                          "D04"
         └────┤├────────────────────────────( )──
```

Network 6：石子湿度测量

将测量到的石头的温度（AI1）送到数据块（DB1.DBW0）

```
                 ┌──MOVE──┐              ┌──MOVE──┐
                 │EN   EN0│              │EN   EN0│
 ────────────────┤        ├──────────────┤        ├─────────
                 │        │              │        │
      "AT1"──────┤IN  OUT ├──"MW0"  "MW0"─┤IN  OUT ├─DB1.DBX0
                 └────────┘              └────────┘
```

Network 7：石子湿度测量

将测量到的石头的温度（AI2）送到数据块（DB1.DBW2）

```
                 ┌──MOVE──┐              ┌──MOVE──┐
                 │EN   EN0│              │EN   EN0│
 ────────────────┤        ├──────────────┤        ├─────────
                 │        │              │        │
      "AT2"──────┤IN  OUT ├──"MW2"  "MW2"─┤IN  OUT ├─DB1.DBX2
                 └────────┘              └────────┘
```

Network 8：速度测量

将测量到的石头的温度（AI3）送到数据块（DB1.DBW4）

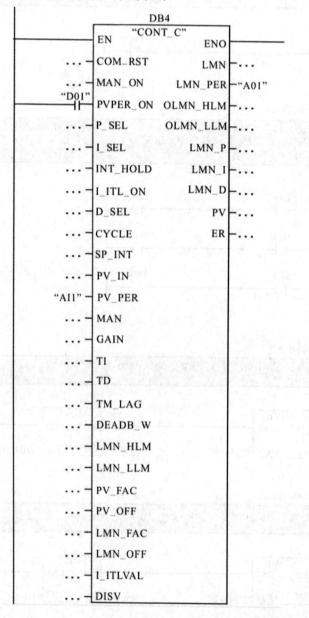

在"OB35"中存入 PID 整定模块，程序如下：

## 五、自动化包装工序 PLC 控制参考程序

Network 1: 包装袋就位

包装袋就位，包装工序启动

```
    "DI1"                              "D01"
 ────┤ ├──────────────────────────────( )────
```

第一条程序：包装袋由推袋杆推到指定的位置，就位后包装工序就开始启动。

Network 2: 判断小袋

判断小袋

```
    "DI11"                             M5.0
 ────┤ ├──────────────────────────────( )────
```

第二条程序：包装袋就位后，判断包装袋得出为小包装袋。其中 M5.0 为判断为小袋后设定的中间变量。

Network 3: 判断中袋

判断中袋

```
    "DI12"                             M5.1
 ────┤ ├──────────────────────────────( )────
```

第三条程序：包装袋就位后，判断包装袋为中包装袋。其中 M5.1 为判断为中袋后设定的中间变量。

Network 4: 判断大袋

判断大袋

```
    "DI13"                             M5.2
 ────┤ ├──────────────────────────────( )────
```

第四条程序：包装袋就位后，判断包装袋为大包装袋。其中 M5.2 为判断为大袋后设定的中间变量。

Network 5：拉开包装袋口

拉开袋口

```
        M5.0                                    "D02"
    ────┤├────┬────────────────────────────────( )────
        M5.1  │
    ────┤├────┤
        M5.2  │
    ────┤├────┘
```

第五条程序：在前面判断好包装袋的规格之下拉开包装袋的袋口。

Network 6：吹气启动

吹气

```
        "D02"        "DI4"                       "D03"
    ────┤├──────────┤├──────────────────────────( )────
```

第六条程序：通过 DI4 在确定包装袋口已经完全打开的情况下，向包装袋中吹气。

Network 7：下料门打开

下料门打开

```
        "D03"        "DI5"                       "D04"
    ────┤├──────────┤├──────────────────────────( )────
```

第七条程序：在吹气动作完成，通过 DI5 确定包装袋已经张开后，就打开下料阀，开始往袋中加料。

Network 8：进料输送机启动

如果小于包装规格，进料

```
        "D04"        "DI6"      ┌─────────┐      "D011"
    ────┤├──────────┤├─────────┤ CMP<1    ├─────( )────
                                │         │
                       "AI1"────┤IN1      │
                                │         │
                        1000────┤IN2      │
                                └─────────┘
```

第八条程序：由 DI6 确定下料门已打开在进料过程中，由位于包装袋旁边的位置传感器判断袋中的料是否已经满足包装的规格，如果还没有满足，进料输送机继续往袋中加料。

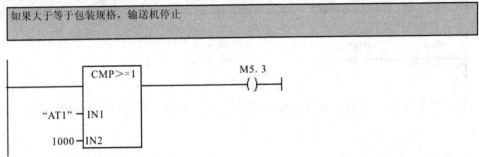

Network 9：进料输送机停止

如果大于等于包装规格，输送机停止

第九条程序：在进料过程中，由位于包装袋旁边的位置传感器判断袋中的料是否已经满足包装的规格，如果已经满足了，则输送机停止。

Network 10：下料门关闭

下料门关闭，停止进料

```
   M5.3                              "D05"
───┤├──────────────────────────────( )──
```

第十条程序：输送机停止后，就关闭下料门，停止进料。

Network 11：拉袋复位

拉袋复位

```
   "D05"        "DI7"                "D010"
───┤├───────────┤├────────────────( )──
```

第十一条程序：由 DI7 来确定下料门已关闭，进料停止后，拉袋杆复位准备下一次工作。

Network 12：夹袋

夹袋

```
   "DI10"                           "D06"
───┤├──────────────────────────────( )──
```

第十二条程序：由 DI10 来确定拉袋杆已复位，执行夹袋动作。

Network 13: 热塑封口

加热封口

```
    "D06"        "DI8"                        "D07"
  ――| |――――――――| |―――――――――――――――――――――( )――
```

第十三条程序：由 DI8 来确定包装袋已合并，夹袋工作完成后，对包装袋进行热塑封口。

Network 14: 放袋

放袋

```
    "D07"        "DI9"                        "D08"
  ――| |――――――――| |―――――――――――――――――――――( )――
                  |                          N5.4
                  |――――――――――――――――――――――( )――
```

第十四条程序：由 DI9 来确定包装袋已热塑封口，封口后放开包装袋。其中由 M5.4 表示完成这一步骤的中间变量。

Network 15: 推袋杆复位

推袋杆复位

```
    M5.4         "DI3"                        "D09"
  ――| |――――――――|/|―――――――――――――――――――――( )――
```

第十五条程序：由 DI3 来判断包装袋已放开，放袋后，推袋杆复位。

## 六、自动化包装工序组态软件参考程序

```
if(\\本站点\DH3<4)
{\\本站点\DH3=\\本站点\DH3+1;}
```

```
if(\\本站点\DH5<3)
{\\本站点\DH5=\\本站点\DH5+1;}
if(\\本站点\DO4==1&&\\本站点\BIG==1)
 {
  if (\\本站点\BH<=10)
    {\\本站点\BH=\\本站点\BH+1;}
  else

  {\\本站点\DO4=0;
    \\本站点\DO11=0;
     \\本站点\称重大袋=1;}
  }
if(\\本站点\DO4==1&&\\本站点\MID==1)
 {
  if (\\本站点\BH<=8)
    {\\本站点\BH=\\本站点\BH+1;}
  else
  {\\本站点\DO4=0;
   \\本站点\DO11=0;
    \\本站点\称重中袋=1;}
  }
if(\\本站点\DO4==1&&\\本站点\SMALL==1)
 {
  if (\\本站点\BH<=6)
    {\\本站点\BH=\\本站点\BH+1;}
  else
  {\\本站点\DO4=0;
   \\本站点\DO11=0;
    \\本站点\称重小袋=1;}
  }
```

画面属性命令语言如下：

```
if(\\本站点\DO8==1&&\\本站点\DO1==1)
   {\\本站点\遮袋=0;}
else
   {\\本站点\遮袋=1;}
if (\\本站点\DO1==1&&\\本站点\SMALL==1&&\\本站点\遮袋==1)
    {\\本站点\小袋=1;}
else
```

```
        {\\本站点\小袋=0;}
    if (\\本站点\DO1==1&&\\本站点\MID==1&&\\本站点\遮袋==1)
        {\\本站点\中袋=1;}
    else
        {\\本站点\中袋=0;}
    if (\\本站点\DO1==1&&\\本站点\BIG==1&&\\本站点\遮袋==1)
        {\\本站点\大袋=1;}
    else
        {\\本站点\大袋=0;}
    //**************************//
    if(\\本站点\DO4==1)
        {\\本站点\DO5=0;}
    else
    {\\本站点\DO5=1;}
    //**************************//
    if(\\本站点\DO4==1)
    {\\本站点\DO11=1;}
    else
    {\\本站点\DO11=0;}
    //**************************//
    if(\\本站点\DO2==1&&\\本站点\遮袋==1)
    {\\本站点\袋口拉开信息反馈=1;}
    else
    {\\本站点\袋口拉开信息反馈=0;}
    //**************************//
    if(\\本站点\DO3==1&&\\本站点\遮袋==1)
    {\\本站点\袋口张大信息反馈=1;}
    else
    {\\本站点\袋口张大信息反馈=0;}
    //**************************//
    if(\\本站点\DO12==1)
    {\\本站点\DO1=0;\\本站点\DO2=0;\\本站点\DO7=0;\\本站点\DO3=0;
        \\本站点\DO8=0;\\本站点\BH=0;}
```

## 七、自动化装运/储存工序 PLC 控制参考程序

当位置是 1# 仓(1，1)，而且包装袋是大袋，1# 仓又没满，防护正常时，储存工序进料输送机启动，当仓满时则移动至 2# 仓。当包装袋是中袋时，则移动至 3# 仓。当包装袋是小袋时，则移动至 5# 仓。

当位置是 2# 仓(2，1)，而且包装袋是大袋，2# 仓又没满，防护正常时，储存工序进料输送机启动，当仓满时则返回至 1# 仓。当包装袋是中袋时，则移动至 3# 仓。当包装袋是小袋时，则移动至 5# 仓。

当位置是 3# 仓(3，1)，而且包装袋是中袋，3# 仓又没满，防护正常时，储存工序进料输送机启动，当仓满时则移动至 4# 仓。当包装袋是大袋时，则移动至 2# 仓。当包装袋是小袋时，则移动至 5# 仓。

　　当位置是 4#仓(3，2)，而且包装袋是中袋，4#仓又没满，防护正常时，储存工序进料输送机启动，当仓满时则返回至 3#仓。当包装袋是大袋时，则移动至 2#仓。当包装袋是小袋时，则移动至 5#仓。

　　当位置是 5# 仓(2，2)，而且包装袋是小袋，5# 仓又没满，防护正常时，储存工序进料输送机启动，当仓满时则移动至 6# 仓。当包装袋是大袋时，则移动至 2# 仓。当包装袋是中袋时，则移动至 4# 仓。

　　当位置是 6# 仓(1，2)，而且包装袋是小袋，6# 仓又没满，防护正常时，储存工序进料输送机启动，当仓满时则返回至 5# 仓。当包装袋是大袋时，则移动至 1# 仓。当包装袋是中袋时，则移动至 4#仓。

# 附录 5　组态软件参考程序

## 自动化装运/储存工序组态软件参考程序

```
if(\\本站点\BIG==1&&\\本站点\ZT==0&&\\本站点\防护==0)
{\\本站点\x=1;
 \\本站点\y=1;
 \\本站点\DOX=0;
 \\本站点\DOY=0;
 \\本站点\start=1;
 if( \\本站点\DH>95)
 {\\本站点\jishu1=\\本站点\jishu1+1;}
}
```

当是大包装袋，而且储存柜的状态为没满，防护正常时，控制器所在的位置为仓储 1(1,1)，储存工序进料输送机启动，1 号柜自动计数。

```
if(\\本站点\BIG==1&&\\本站点\ZT==1&&\\本站点\防护==0)
{\\本站点\x=2;
 \\本站点\y=1;
 \\本站点\DOX=1;
 \\本站点\DOY=0;
 \\本站点\start=1;
if(\\本站点\DH>95)
{\\本站点\jishu2=\\本站点\jishu2+1;}
}
```

当是大包装袋，而且储存柜的状态为满，防护为正常时，控制器所在的位置将移动到仓储 2(2,1)，储存工序进料输送机启动，2 号柜自动计数。

```
if(\\本站点\MID==1&&\\本站点\ZT==0&&\\本站点\防护==0)
{\\本站点\x=3;
 \\本站点\y=1;
 if (\\本站点\NX<2)
   { \\本站点\DOX=1;
    \\本站点\DOY=0;
    \\本站点\start=1;
```

```
        \\本站点\NX=\\本站点\NX+1;}
    if(\\本站点\DH>95)
    {\\本站点\jishu3=\\本站点\jishu3+1;}
    }
```

当是中包装袋，而且储存柜的状态为没满，防护正常时，控制器所在的位置将移动到仓储 3(3，1)，储存工序进料输送机启动，3 号柜自动计数。

```
    if(\\本站点\MID==1&&\\本站点\ZT==1&&\\本站点\防护==0)
    {\\本站点\x=3;
     \\本站点\y=2;
     \\本站点\DOX=0;
     \\本站点\DOY=1;
     \\本站点\start=1;
    if(\\本站点\DH>95)
    {\\本站点\jishu4=\\本站点\jishu4+1;}
    }
```

当是中包装袋，而且储存柜的状态为满，防护为正常时，控制器所在的位置将移动到仓储 4(3，2)，储存工序进料输送机启动，4 号柜自动计数。

```
    if(\\本站点\SMALL==1&&\\本站点\ZT==0&&\\本站点\防护==0)
    {\\本站点\x=2;
     \\本站点\y=2;
     \\本站点\DOX=1;
     \\本站点\DOY=0;
     \\本站点\start=1;
    if(\\本站点\DH>95)
    {\\本站点\jishu5=\\本站点\jishu5+1;}
    }
```

当是小包装袋，而且储存柜的状态为没满，防护正常时，控制器所在的位置将移动到仓储 5(2，2)，储存工序进料输送机启动，5 号柜自动计数。

```
    if(\\本站点\SMALL==1&&\\本站点\ZT==1&&\\本站点\防护==0)
      {\\本站点\x=1;
       \\本站点\y=2;
        if (\\本站点\NX<2)
          { \\本站点\DOX=1;
```

```
        \\本站点\DOY=0;
          \\本站点\start=1;
            \\本站点\NX=\\本站点\NX+1;
        }
    if(\\本站点\DH>95)
  {\\本站点\jishu6=\\本站点\jishu6+1;}
    }
```

当是小包装袋，而且储存柜的状态为满，防护为正常时，控制器所在的位置将移动到仓储 5(2，2)，储存工序进料输送机启动，6 号柜自动计数。

```
    if(\\本站点\防护==1)
    {\\本站点\start=0;}
```

当防护出现状况时，储存工序进料输送机停止。

## 附录 6　自动分拣系统程序

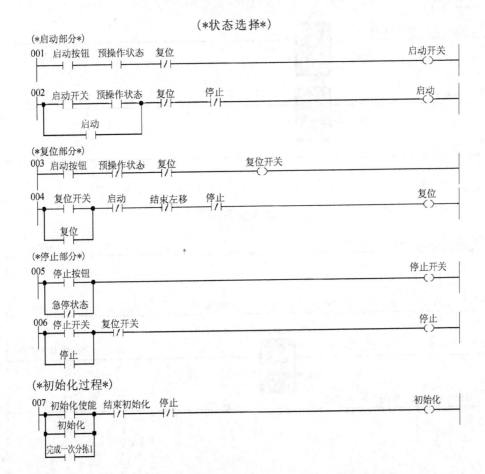

(*状态选择*)

(*启动部分*)

(*复位部分*)

(*停止部分*)

(*初始化过程*)

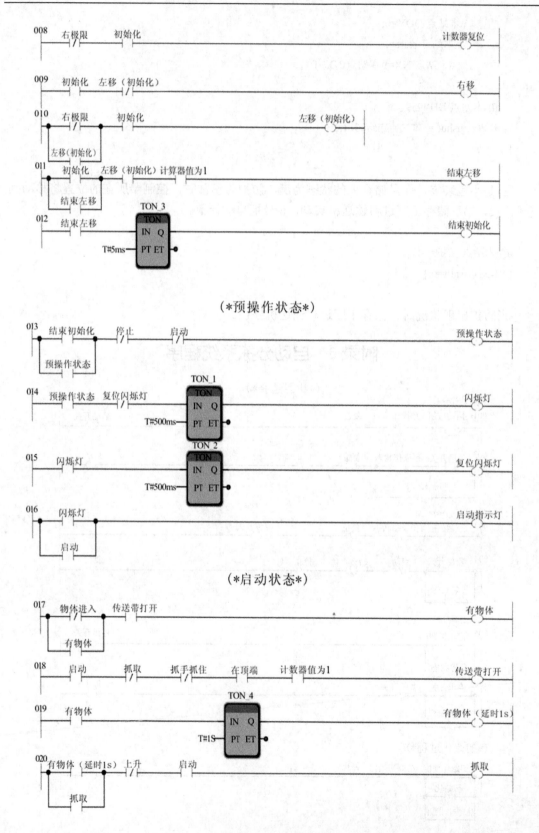

（\*预操作状态\*）

（\*启动状态\*）

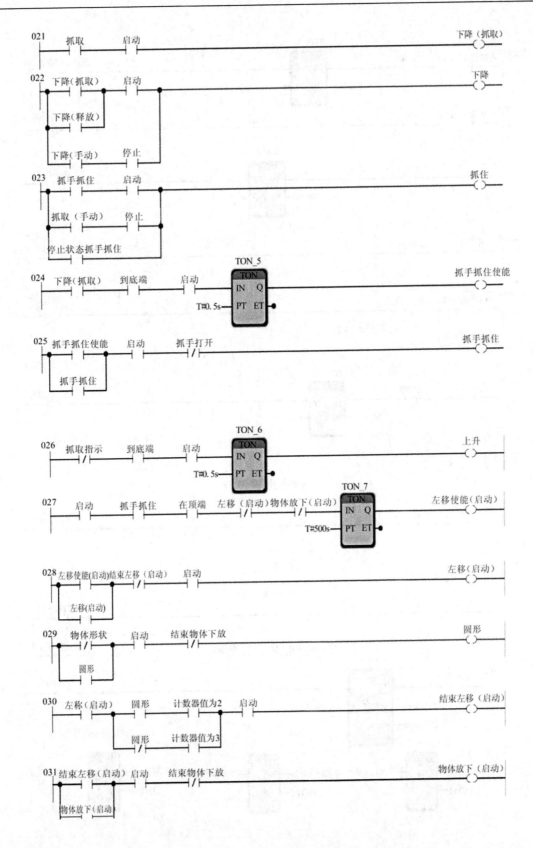

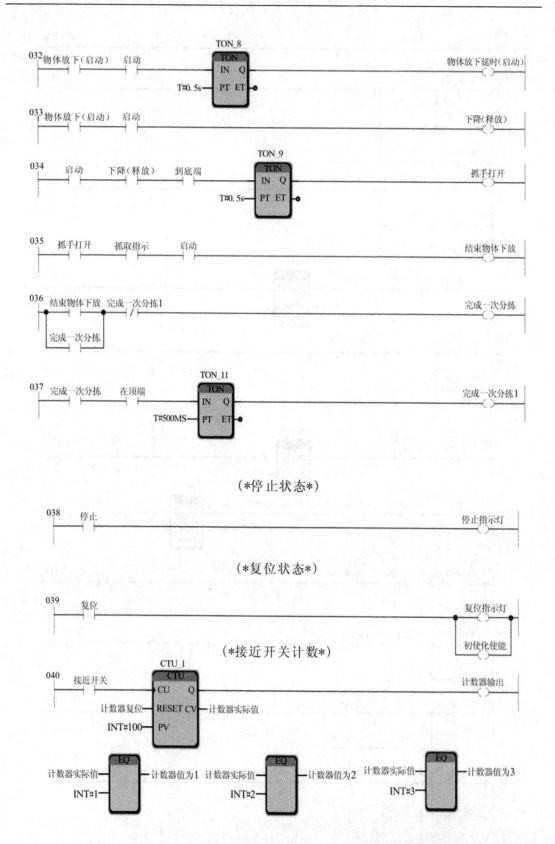

(*X轴移动过程*)

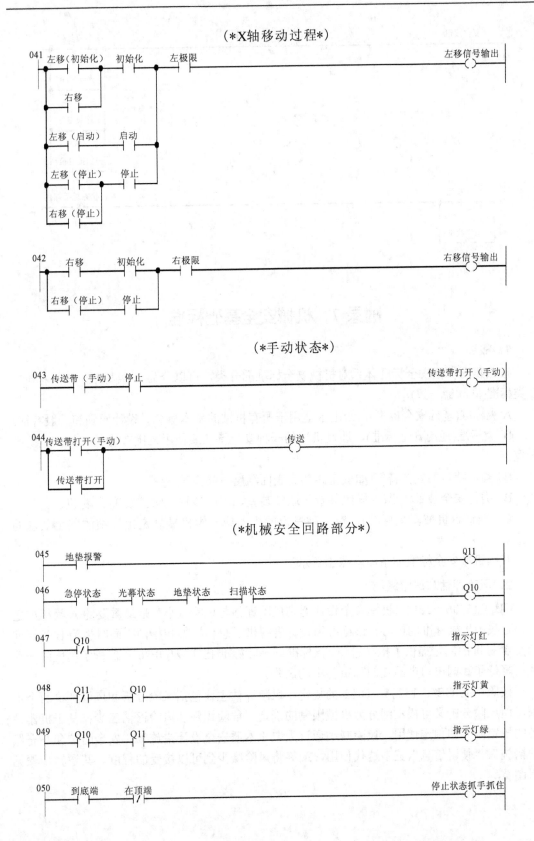

(*手动状态*)

(*机械安全回路部分*)

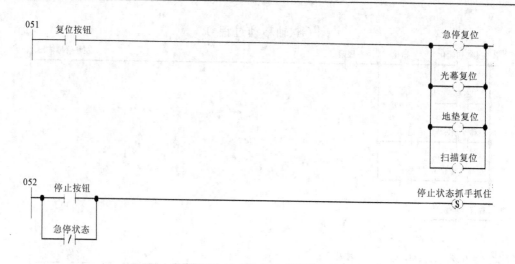

# 附录7　机械安全基础标准

## 1．概述

按照我国机械安全标准体系对机械安全标准的分类，可以分为 A 类标准、B 类标准、C 类标准(同欧盟一致)。

A 类标准(基础安全标准)，给出了适用于所有机械的基本概念、设计原则和一般特征。

B 类标准(通用安全标准)，涉及机械的一种安全特征或使用范围较宽的一类安全防护装置：

B1 类，特定的安全特征(如安全距离、表面温度、噪声等)标准。

B2 类，安全装置(如双手操纵装置、联锁装置、压敏装置、防护装置等)标准。

C 类标准(机械安全标准)，对一种特定的机器或一组机械规定出详细的安全要求的标准。

我国机械安全标准体系如附图 1 所示。

## 2．风险评估与风险减小

GB/T 15706—2012《机械安全设计通则风险评估与风险减小》是最重要的 A 类标准之一，是我国机械标准的核心，该标准为设计者提供了总体框架和指南，同时也为 B 类标准和 C 类标准的制定提供了指导思想。该标准同国际标准 ISO 12100:2010 保持了高度的一致性，降低了我国出口产品在国际贸易中的风险。

按照标准 GB/T 15706—2012 的规定，风险评估主要包括风险分析和风险评价两个步骤，而风险分析又可依次细分为机械限制的确定、危险识别和风险评估三步；基于机器设备的规定限制和预定使用，风险减小通过采取"本质安全设计措施"、"安全防护和补充保护措施"、"使用信息"三步迭代使用，最终将风险减少到可以接受的程度。其逻辑步骤见附图 2。

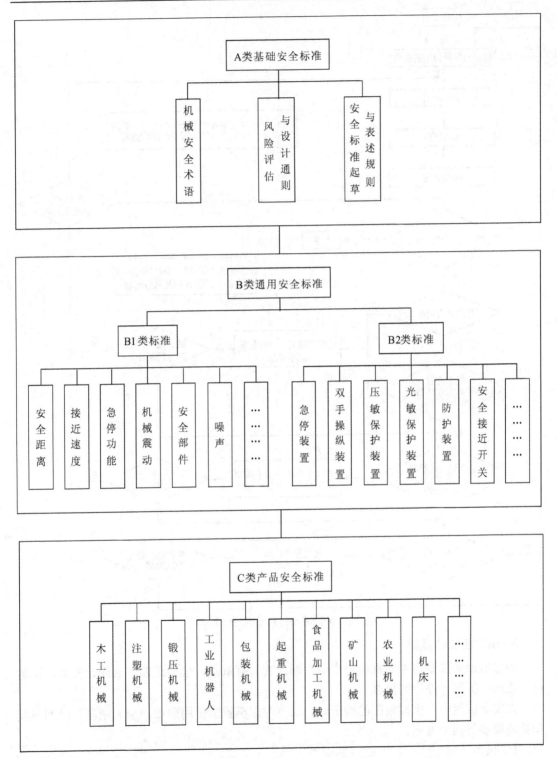

附图 1　我国机械安全标准体系框图

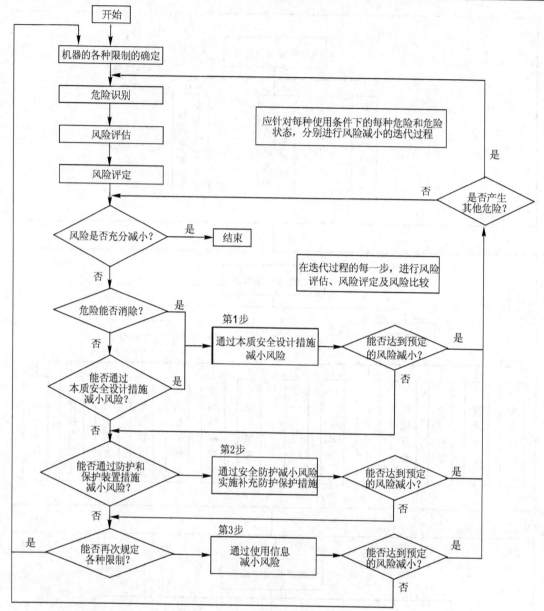

附图 2　风险减小过程迭代三步法图示

### 3. 确定机械的限制

确定机械的限制需考虑机器全生命周期内的所有阶段，包括运输、装配、安装、试运转、使用、拆卸、停用和报废。

在实际应用中，机械限制的确定，一般要考虑机器的使用限制、空间限制、时间限制和其他限制等四个方面。

1）使用限制

使用限制包括预定使用，或目前正在使用的设备本身具有的限制条件和根据经验可以合理预见的可能误用产生的限制条件。可以从设备的安装、调试、生产以及维修过程中的限制条件进行确认。如机器设备的运行模式，操作人员的年龄，性别，身高，个人经验等不同带来的风险。

　　2）空间限制

　　空间限制包括机械运动所需要的空间，人员操作，维修机械时所需要的空间，机械部件之间的空间，是否存在挤压的风险等。

　　3）时间限制

　　机器设备的时间限制，主要考虑机械设备的元器件的寿命限制，机械设备的维护间隔，操作人员对该机器的操作间隔，以及工作时间的长短等。

　　4）其他限制

　　机械设备现场的温度条件、湿度条件、太阳直射情况，粉尘、现场 EMC 情况等，确认这些因素可能产生的风险。

### 4. 危险的识别

　　危险的识别是风险评估中最重要的一步，只有危险被识别后，才能确定风险的大小和采取什么样的措施，降低风险到可以接收到的程度。危险只发生在机器和人员交叉活动的场所，危险识别需要充分考虑到两个方面：人犯错的可能性和机器设备出现故障的可能性。在很多发生危险的场合，人员误操作导致危险的概率要大于机械设备出现故障导致危险的概率。常见的危险有：机械性危险、电气性危险、高温引起的危险、噪声引起的危险、振动引起的危险、辐射引起的危险、材料引起的危险、不符合人体工程学引起的危险等。常见的危险分类如附图 3 所示。

**机械性危险**
压、夹、刺入、剪切、卷入、摩擦、切断、冲击等

**电气性危险**
与带电部位接触、绝缘不良、静电等

**高温引起的危险**
火灾、爆炸、辐射热、烧伤等

**噪声引起的危险**
听力下降、耳鸣等

**振动引起的危险**
对手、手腕、腰、全身造成的严重障碍

**辐射引起的危险**
低频率、高频率、紫外线、红外线、X射线等

**材料引起的危险**
有害物质·刺激、粉尘·爆炸等

**不符合人机工程学的危险**
不健康的姿势、人为错误等

附图 3　常见的危险分类

### 5. 风险估计

识别出危险后，根据 GB/T 15706—2012 给出的风险要素，对每种风险进行风险估计。通常风险的估计需要考虑三方面的因素：伤害的严重程度(S)、暴露于危险的频率/或时间(F)、避免危险的可能性(P)。

(1) 伤害的严重程度(S)。评估伤害的严重程度可以根据该类机器设备的记录来确定，也可以根据常识来判定，一般将严重程度分为 S1(轻微伤害，通常是可恢复的)、S2(严重伤害，通常是不可恢复的如断肢和死亡)。

(2) 暴露于危险的频率或时间(F)。评估该值也分为两种：F1、F2，如果人员频繁地或者连续地暴露于危险中，宜选用 F2；如果只是有时需要接近则选择 F1。通常频率为每小时大于一次且没有其他理由的，则选择 F2。

(3) 避免危险的可能性(P)。判断避免危险的可能性时，需要考虑人员的差异、产生危险的速度、剩余风险的警示、人员避免伤害的可能性(如条件反射、敏捷性、避开的可能性)、现场人员是否配备个体防护装置等。该评估值也分为 P1、P2 两类。

### 6. 风险评价

当完成风险估计后，应进行风险评价，以确定是否需要进行风险减小。如果需要减小风险，则应采用适当的保护措施。

### 7. 风险减小过程迭代三步法

风险减小的原则：风险评估过程中确定了什么样的风险，就要采取与之对应的安全防护措施。安全防护措施有很多种，如机械类、安全控制类、人类工效学，以及其他经过严重的有效安全防护措施。风险减小过程迭代三步法是风险减小的核心，在机器设备的设计和使用过程中发挥着巨大的作用。

第一步：本质安全设计。

本质安全设计措施通过适当选择机器的设计特性和暴露人员与机器的交互作用，消除危险或者减少相关的风险，如通过改变设计，减小到安全的缝隙，避免被卷入的风险。本质安全设计措施是风险减小的最重要的步骤。

第二步：安全防护或补充保护措施。

实施安全防护及补充保护措施的两个重要原则是：隔离和停止原则，即采取空间上的隔离和时间上的停止两类安全防护措施。如空间的隔离，可利用固定防护；时间上的停止，可用安全光幕、双手操纵按钮等。

补充保护措施为紧急停止装置。

第三步：使用信息。

使用信息包括设置警告标识、编写机器操作/维护手册、安全工作步骤，对使用者进行培训等。

在采用风险减小过程迭代三步法时，需要对每一步进行评估，以确认风险是否得到充分的减小。若引入新的风险必须对新的风险进行评估，并加入适当的保护措施。

### 8. 确认报告

风险评估和风险减小后，必须编制评估报告，记录机械已经识别的危险、危险状态，以及所考虑到的危险事件，通过保护措施所达到的风险减小目标，风险评估的结果。

# 附录 8　GB/T 16855—2012《机械安全控制系统有关安全部件》

GB/T 1685—2102 适用于所有通过安全控制系统执行安全功能的机器，安全控制系统可以通过纯硬件的方案，也可以通过嵌入式软件的方案，采用的技术不局限于电气控制，也适用于液压、气动和机械等媒介。对于不依赖于控制系统的如机械防护装置和个人防护设备也可用于减小机器的风险。

## 1. 安全功能的识别和规定

安全功能是采取一系列措施使现有风险减小到一定程度的功能。附表 1 给出 SRP/CS 常见的安全功能及应用实例。

附表 1　安全功能及应用实例

| 安 全 功 能 | 应 用 实 例 |
| --- | --- |
| 由防护装置触发的有关安全的停止功能 | 联锁装置 |
| 手动复位功能 | 危险解除后，启动机械的再次确认 |
| 启动/重启功能 | 带有启动功能的联锁保护装置 |
| 局部控制功能 | 部分危险区域内的机器的运转 |
| 抑制功能 | 暂时停止保护装置，如安全光幕的抑制 |
| 保持-运行功能 | 危险区域内机器的控制，如双手操纵装置 |
| 使能装置功能 | 危险区域内机器的控制，如加载 |
| 防止意外启动 | 手动操作人员在危险区域的干预 |
| 受困人员的撤离和营救 | 危险区域的逃离开关 |
| 绝缘和能量耗散功能 | 液压阀的压力释放 |
| 控制模式和模式选择 | 通过模式选择器激活安全功能 |
| 急停功能 | 紧急停止按钮 |

## 2. 性能等级 PLr

安全相关系统的设计目标，由风险估计的内容进行评估，有三个参数：伤害的严重程度(S)、暴露于危险的频率或时间(F)、避免危险的可能性(P)。确定 PLr 的风险图如附图 4 所示。性能等级由低到高分为五个等级：a、b、c、d、e。

## 3. 性能等级 PL 的计算

性能等级的评估过程，一般由以下几个参数来确定：

- 单个元件 MTTF$_d$ 的值；
- 诊断覆盖率 DC；
- 共因失效 CCF；
- 安全类别 Cat。

这 4 个参数和性能等级 PL 之间的关系如附图 5 所示。

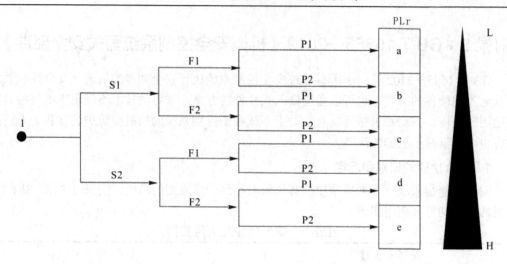

Key

I　安全功能对于风险减少的贡献值的开始点
L　低贡献
H　高贡献
PLr　所要求的性能等级

风险参数

S　伤害的严重程度
S1　轻度
S2　严重
F　频率和暴露时间
F1　很少
F2　较长
P　避免危险的可能性
P1　在特定条件下可能
P2　几乎不可能

附图 4　　确定 PLr 的风险图

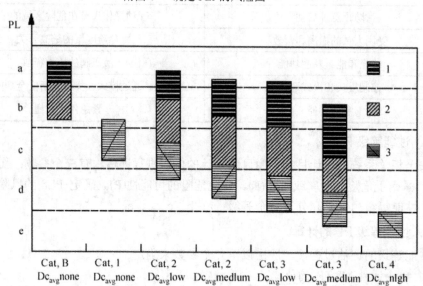

Key

PL.　性能等级
1　　MTTF$_d$ of each channei-低
2　　MTTF$_d$ of each channei-中
3　　MTTF$_d$ of each channei-高

附图 5　　PL 与各参数之间的关系示意图

MTTF$_d$——平均危险失效时间，是指预期的危险失效时间。MTTF$_d$为定量指标，单位为年，每个通道的平均危险失效时间可以用三种等级给出，见附表2。

附表2　每个通道的 MTTF$_d$

| 每个通道的指标 | 每个通道的范围 |
|---|---|
| 低 | 3 年≤MTTF$_d$<10 年 |
| 中 | 10 年≤MTTF$_d$<30 年 |
| 高 | 30 年≤MTTF$_d$<100 年 |

DC——诊断覆盖率，是可被识别的危险失效的失效率与所有危险失效的比值，一般采用 FMEA 进行分析，根据值的范围可以分为四个等级，见附表3。

附表3　诊断覆盖率 DC

| 指　标 | 范　围 |
|---|---|
| 无 | DC<60% |
| 低 | 60%≤DC<90% |
| 中 | 90%≤DC<99% |
| 高 | 99%≤DC |

CCF——共因失效，是指同一事件引起的不同产品的失效，这些失效之间没有因果关系，按照规定，具有冗余结构的系统，都必须采取措施防止 CCF。防止 CCF 措施的打分和量化表见附表4。

附表4　防止 CCF 的措施的打分

| 编号 | 防止 CCF 的措施 | 得分 |
|---|---|---|
| 1 | 分离 | |
| | 信号路径之间的物理分离如下：<br>• 以配线/管路方式分离<br>• 印刷电路板上有足够的间隙和爬电老化距离 | 15 |
| 2 | 差异性 | |
| | 采用不同的技术/设计或者物理原则如下：<br>• 第一个通道为可编程电子的，第二个通道为硬布线方式；<br>• 启动的种类；<br>• 压力和温度。<br>• 距离和压力的测量：可用数字的或模拟的，对不同方法制造的元件进行不同的选择 | 20 |
| 3 | 设计/应用/经验 | |
| 3.1 | 过电压、过压力、过电流等的保护 | 15 |
| 3.2 | 所用的元器件是经过验证的 | 5 |

续表

| 编号 | 防止 CCF 的措施 | 得分 |
|------|----------------|------|
| 4 | 评价/分析 | |
| | 为了避免共因失效，设计中是否考虑了失效模式和影响分析的结果 | 5 |
| 5 | 能力/培训 | |
| | 设计者/维护者是否已经过培训，使其了解共因失效的原因和结果 | 5 |
| 6 | 环境 | |
| 6.1 | 根据适当的标准，通过防止污染和电磁兼容 EMC 来防止 CCF。<br>流体系统：传压介质的过滤、入口处污垢的防止、受压气体的排泄，例如：依照元器件制造商关于传压介质净化的要求。<br>电气系统：是否检查了系统的电磁抗扰性，例如：按照相关标准中防止 CCF 的规定。<br>对于流体和电气组合的系统，这两个方面都宜予以考虑 | 25 |
| 6.2 | 其他影响：<br>是否已考虑了对所有的环境因素，例如温度、冲击、振动、湿度等(例如：相关标准中所规定的)抗干扰性的要求 | 10 |
| | 总和 | 最大可达 100 |

| 总分 | 避免 CCF 的措施 |
|------|----------------|
| 65 或者 65 以上 | 满足要求 |
| <65 | 处理失败→选择附加措施 |

Cat——安全类别，安全类别是指控制系统有关安全部件在防止故障能力以及在故障条件下后续行为方面的分类，它通过部件的结构布置、故障检测和(或)部件可靠性达到。安全类别由低到高可以分为 B、1、2、3、4 五种类别。 B 类和 1 类结构相同，如附图 6 所示；2 类结构如附图 7 所示；3 类和 4 类结构相同，如附图 8 所示。

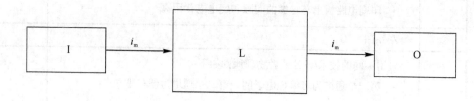

Key

$i_m$　　互连手段

I　　输入设备，如传感器

L　　逻辑

O　　输出设计，如主接触器

附图 6　安全标准 B 类和 1 类结构图

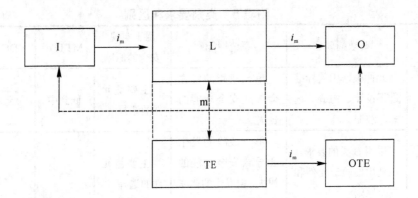

虚线表示合理可行的故障检测。

Key

$i_m$　　　互连手段
I　　　　输入设备，如传感器
L　　　　逻辑
m　　　　监测
O　　　　输出设备，如主接触器
TE　　　检验设备
OTE　　TE的输出

附图 7　安全标准 2 类结构

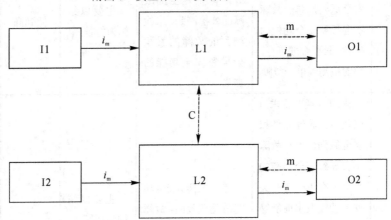

虚线表示合理可行的故障检测。

Key

$i_m$　　　　互连手段
C　　　　　交叉监测
11, 12　　　输入设备，如传感器
L1, L2　　逻辑
m　　　　　监测
O1, O2　　输出设备，如主接触器

附图 8　安全标准 3 类和 4 类结构

这五个类别的要求和区别见附表 5。

### 附表 5　类别要求和区别

| 类别 | 要求摘要 | 系统性能 | 用于实现安全的原则 | MTTFd | DC | CCF |
|---|---|---|---|---|---|---|
| B | 元件根据相关标准进行设计、构造、选择、装配 | 单一故障的发生会导致安全功能的丧失 | 主要是元件的选择 | 低到中 | 无 | 无关 |
| 1 | 采用 B 类的要求，应使用经验证元件和安全原则 | 单一故障的发生会导致安全功能的损失，但发生的概率比 B 类低 | 主要是元件的选择 | 高 | 无 | 无关 |
| 2 | 采用 B 类的要求，应使用经验证元件和安全原则，应通过机器控制系统以适当的时间间隔检查安全功能 | 两次测试之间的故障将导致安全保护功能失效 | 主要以结构为特征 | 低到高 | 低到中 | ≥65 |
| 3 | 采用 B 类的要求，应使用经验证元件和安全原则，单一故障不会导致安全功能的失效，只要合理可行，都能检测到单一故障 | 单一故障，安全功能总是有效的，某些故障但不是全部故障能被检测到，未检测到的故障的累积会导致安全功能的丧失 | 主要以结构为特征 | 低到高 | 低到中 | ≥65 |
| 4 | 采用 B 类的要求，应使用经验证元件和安全原则，单一故障不会导致安全功能的丧失，在下一个有关安全功能发出前能够检测到单一故障。如果不可能，则未检测到的故障的积累不应该导致安全功能的损失 | 单一故障，安全功能总是有效的，故障能被及时检测到 | 主要以结构为特征 | 高 | 高 | ≥65 |

# 参 考 文 献

[1]　褚卫中. 机械安全技术及应用[M]. 北京：机械工业出版社.

[2]　李勤. 机械安全标准应用指南[M]. 北京：中国标准出版社.

[3]　彭瑜，何衍庆. IEC61131-3 编程语言及应用基础[M]. 北京：机械工业出版社.

参 考 文 献